高等职业教育"十三五"规划教材
立信精品教材

财会小键盘录入技术

（第二版）

主编 黄爱国 郭毅

立信会计出版社
LIXIN ACCOUNTING PUBLISHING HOUSE

图书在版编目(CIP)数据

财会小键盘录入技术 / 黄爱国，郭毅主编. —2 版
. —上海：立信会计出版社，2019.6
高等职业教育“十三五”规划教材立信精品教材
ISBN 978-7-5429-6213-3

Ⅰ. ①财… Ⅱ. ①黄… ②郭… Ⅲ. ①文字处理—高
等职业教育—教材 Ⅳ. ①TP391.1

中国版本图书馆 CIP 数据核字(2019)第 132433 号

策划编辑　陈　旻
责任编辑　陈　旻

财会小键盘录入技术(第二版)

出版发行　立信会计出版社
地　　址　上海市中山西路 2230 号　　邮政编码　200235
电　　话　(021)64411389　　传　　真　(021)64411325
网　　址　www.lixinaph.com　　电子邮箱　lixinaph2019@126.com
网上书店　http://lixin.jd.com　　http://lxkjcbs.tmall.com
经　　销　各地新华书店

印　　刷　上海肖华印务有限公司
开　　本　787 毫米×1092 毫米　1/16
印　　张　16.75
字　　数　416 千字
版　　次　2019 年 6 月第 2 版
印　　次　2019 年 6 月第 1 次
印　　数　1—1500
书　　号　ISBN 978-7-5429-6213-3/TP
定　　价　46.00 元

序

随着时代的变迁与技术的发展，财会岗位所需技能也在不断发生着变化。从最初对珠算技能的苛刻要求，逐步过渡到对计算机技能的掌握，而且财会岗位对这种技能的要求也越来越细化。从计算机录入技术到相关财务软件的使用，甚至一些计算机语言的理解，各方面都会有一定要求。

为了适应社会需要，培养出符合现代企业对财务岗位要求的财务人员，特编写本书。本书主要从现代财务人员日常所接触到的一项主要工作——大量票据的录入和计算为切入点，重点讲解了财务人员在财务岗位上使用小键盘进行录入和计算的相关知识。

本书具有系统性、实用性、操作性等特点。首次从财务工作角度出发，以小键盘录入为基础，系统地讲解了在各个分解项目中使用小键盘的异同和各自的方法、技巧，并且，细致地对每个工作项目的具体操作给出了指导，具有很强的可操作性。同时，本书也意在对高职院校财会专业学生进行引导，激发学生对计算机等现代财务基础工作的兴趣，使学生在日后的财务工作中能够游刃有余。

此外，编者还制作了相应的 PPT 格式讲解课件，有需要的读者可以到立信会计出版社官网 www. lixinaph. com 下载、交流。

编　者

目　录

序

第一章　小键盘录入技术概述……1
实训训练……4

第二章　小键盘录入的基础知识……5
第一节　小键盘录入原理……5
第二节　小键盘录入的坐姿与指法……6
实训训练……8

第三章　小键盘在财会账表算中的应用技法……13
第一节　认识账表算……13
第二节　账表算的具体方法……15
第三节　用小键盘进行账表算……17
实训训练……20

第四章　小键盘在财会传票算中的应用技法……47
第一节　认识传票算……47
第二节　传票算的准备……48
第三节　传票算的运算步骤和方法……49
实训训练……51

第五章　职业技能实训设备……247
第一节　认识翰林提职业技能实训机……247
第二节　使用翰林提实训设备进行账表算和传票算……250
第三节　财务计算器的使用……252
实训训练……255

附录一　训练中的快速纠错方法……256
附录二　键盘的常用快捷方式……257

参考文献……260

第一章　小键盘录入技术概述

【实践导入】

应届大学毕业生小张，在某财务公司参加实习，刚进入公司不久的他，接到了领导安排的第一个任务。由于公司办公用的计算机有3台都出现了键盘失灵的情况，领导要求小张给这3台计算机购买3副键盘，要求接口正确的同时，还要皮实耐用，同时还要符合财务人员使用键盘的特点，单独为这3台计算机配置财务人员使用的小键盘。

这可难坏了小张，虽然小张在学期间学习了相关财务知识，可是对于计算机硬件并不熟悉，他开始在网上和书本上了解键盘相关知识，以便顺利完成领导交给的第一个任务。

一、键盘的发展

如果说CPU是电脑的心脏，显示器是电脑的脸，那么键盘就是电脑的嘴，是它实现了人和电脑的顺畅沟通。然而，作为与我们接触最多的外设产品，大多数情况下键盘的作用却被忽视了，当然这与其发展的缓慢有着千丝万缕的联系。

1. 键盘发展史

PCXT/AT时代的键盘主要以83键为主(如图1.1所示)，并且延续了相当长的一段时间，但随着视窗系统近几年的流行已经被淘汰。取而代之的是101键(如图1.2所示)和104键键盘(如图1.3所示)，并占据市场的主流地位，当然其间也曾出现过102键、103键键盘，但由于推广不够完善，都只是在市场上昙花一现。紧接着104键键盘出现，它是新兴的多媒体键盘，它在传统的键盘基础上又增加了不少常用快捷键或音量调节装置，使PC操作进一步简化，对于收发电子邮件、打开浏览器软件、启动多媒体播放器、控制电脑外放音响音量等都只需要按一个特殊按键即可，同时在外形上也有了重大改善，着重体现了键盘的个性化。起初这类键盘多用于品牌机，如惠普、联想等品牌机都率先采用

图1.1　83键键盘

图1.2　101键键盘

了这类键盘，受到广泛的好评，并曾一度被视为品牌机的特色。随着时间的推移，市场上渐渐地也出现独立的具有各种快捷功能的产品单独出售，并带有专用的驱动和设定软件，在兼容机上也能实现个性化的操作。同时，随着个性化时代的到来，许多异形键盘和定制键盘也逐步出现，体现了科技以人为本的理念。我们相信，随着会计的发展和人们对于新事物的尝试，会有越来越多的好产品出现。

图 1.3　104 键键盘

2. 键盘初识

就外壳方面而言，目前台式 PC 电脑的键盘都采用活动式键盘，键盘作为一个独立的输入部件，具有自己的外壳。键盘面板根据不同档次采用不同的塑料压制而成，部分优质键盘的底部采用较厚的钢板以增加键盘的质感和刚性，不过这样一来无疑增加了成本，所以不少廉价键盘直接采用塑料底座的设计。除了材料以外，键盘也在结构上不断优化，使用户使用起来更加舒适，更符合人体工学原理，同时还兼具防水、夜明等实用小功能。

为了适应不同用户的需要，键盘的底部设有折叠的支持脚，展开支撑脚可以使键盘保持一定倾斜度（如图 1.4 所示），不同的键盘会提供单段、双段甚至三段的角度调整。

图 1.4　键盘支架

常规键盘具有 Caps Lock（字母大小写锁定）、Num Lock（数字小键盘锁定）、ScrollLock（滚动锁定键）3 个指示灯，标志键盘的当前状态。这些指示灯一般位于键盘的右上角，不过有一些键盘如宏基的 ErgonomicKB 和惠普原装键盘采用键帽内置指示灯，这种设计可以更容易地判断键盘当前状态，但工艺相对复杂，所以大部分普通键盘均未采用此项设计。

不管键盘形式如何变化，基本的按键排列还是保持基本不变，可以分为主键盘区、数字辅助键盘区、F 键功能键盘区、控制键区，对于多功能键盘还增添了快捷键区。

3. 键盘种类

键盘按照应用可以分为台式机键盘、笔记本电脑键盘、工控机键盘三大类。

目前传统的台式机键盘仍然是市场上的主流，但无论是外观还是技术，它同数年前的产品比起来，并没有本质的区别。随着生活品质的提高，厚重的台式机键盘与时尚又健康的液晶显示器、灵巧而又舒适的光电鼠标显得越来越格格不入。传统台式机键盘采用的是轨道直滑式构架，虽然按键的键程比较长，按键的手感比较好，但是由于构架本身的缺陷，输入文字时声音比较大。因此，许多知名厂商针对传统键盘进行了不断的改造。比如作为业内某品牌，推出了超薄产品，键盘最薄处不到1厘米，突破了老式键盘的厚重生硬。线条弧度更加自然流畅，按键微突而富有质感，整个外观精致典雅。与此同时，也有厂家为了帮助使用者轻松面对键盘进水的尴尬，细心改善产品构造，严格选择制作材质，将防水设计做得更加完善，使得传统键盘的发展更上一层楼。

笔记本电脑键盘虽然不是2003年才出现的，但是从2003年开始逐渐风光起来。这类键盘的一致特点就是轻薄小巧、外观时尚。不少用户都选择笔记本架构键盘来搭配液晶显示器，这样整个桌面会显得简洁而又时尚。在按键方面，它们采用了笔记本键盘的构架。按键不会因为敲击力度不均或敲击位置不对而导致键帽倾斜，更不会出现卡键的现象；同时，按键的力度比较小，用户长时间输入也不容易感到疲劳。在静音方面，笔记本架构键盘设计得相当不错，用户输入文字时的声音要比传统台式键盘小得多。但是它也有个缺点，就是笔记本架构键盘的键程都很短，敲击时远没有传统台式键盘手感好。

4. 键盘发展趋势

现在键盘发展的趋势越来越向专业化看齐，并且根据从事的不同用途，键盘的性能也不一样。比如说游戏玩家基本就是带显示屏幕的，或是很多快捷键的；而要经常使用的用户，就要配备易水洗的键盘；还有能发光的键盘、分离式键盘等等。这些都是针对用户的需求设计的。比如专门为游戏应用设计的键盘最过人的地方在于内部的技术优势，与大多数其他键盘可以同时按下2～4个键相比，此类游戏键盘最多可以同时按下7个键。完美解决键位冲突问题，使玩家在游戏时下达动作指令更为快捷方便。

以前的键盘只是对电脑的简单操作，如今键盘赋予了更多的功能。具有多媒体功能的键盘能让电脑的使用者得以直接在键盘上控制。与传统的键盘相比，多媒体的键盘多了多媒体功能的键，这一类以微软的多功能键盘为代表。使用这类键盘时，只要按下键盘上的一个按键，有几个特定的功能便接受其指挥，例如按下Internet的快速键，就可以直接连上网络，不需要用鼠标点选屏幕上的Internet的小图标。同样的，也有特定按键可以控制CD-ROM，上网键、收发E-mail键、声音调节键一应俱全。有的在键盘的下边有一类似圆形的调节盘，此调节盘可以代替鼠标的功能使用。

目前市场上最炙手可热的无线技术也被应用在键盘上。无线技术的应用使你能摆脱键盘线的限制和束缚，一端是电脑，另一端的你可毫无拘束，自由地操作，主要有蓝牙、红外线等。而两者传输的距离及抗干扰性不同。一般来说，蓝牙在传输距离和安全保密性方面要优于红外线。红外线的传输有效距离为1～2米，而蓝牙的有效距离约为10米。由此可知，无线键盘的前途无量。这不仅在于解决电脑周边配备的问题，也为未来将电脑向多功能的娱乐化发展铺平了道路。利用电视的屏幕浏览Internet，收看网络电视节目。正可利用无线键盘来控制，无线功能得到淋漓尽致的展现。

二、小键盘的发展

我们这里所说的小键盘主要是指全键盘上面的一部分，就是键盘分区中的“数字辅助键盘区”。其实，小键盘的发展与键盘的发展是一致的，在键盘刚诞生的时候就已经有了这个“数字辅助键盘区”。只是随着时代的发展，这个“区域”也在为各行各业的发展做着自己的贡献。

现在小键盘区域越来越广泛地应用于金融、财会等相关领域和行业。同时，随着这些专门行业对于“数字辅助键盘区”的特殊需求，市场上出现了只有小键盘功能的键盘产品，比如市场上常见的19键独立小键盘产品（如图1.5）。这些产品功能针对性强，节省空间，更好地适应了市场的需求。

还有一些小键盘的衍生品，被应用于各种专门的情境中，但是不属于我们所要详细讲解的小键盘。比如银行专用的输入密码用的带有防偷看功能的小键盘（如图1.6），还有与自动取款机融为一体的账号、密码等信息的嵌入式一体键盘（如图1.7）。

图1.5　19键键盘

图1.6　防偷看键盘

图1.7　嵌入式一体

三、小键盘录入的重要性

在财务工作中，随着电脑的普及，我们使用小键盘的频率也随之增加。在整个财务管理中，无论是资金管理、固定资产管理，还是票据和装备物资的管理，都离不开小键盘。同时，它也逐步替代了算盘的地位，逐步成为财务人员使用频率最高的计算录入工具。可见，小键盘的使用对于财务工作者是多么重要。

在具体的操作中，传票算、账表算在财务工作中运用得最为普遍，如计算成沓的发票、收支凭证、有价证券等等。传票、账表算一直以珠算为主，但由于在实际工作中，小键盘的应用反而更普遍，因此，如何合理、高效地使用小键盘进行传票算、账表算，对于提高财务工作效率具有十分重要的作用。

在具体的职业中，银行柜员主要运用小键盘对客户的身份证号、账户号、金额数量等信息进行录入，同时，也进行一些简单的计算；出纳、会计主要运用小键盘进行累加计算，传票翻打累加或者账表累加等。

【实训训练】

1. 标准键盘一般可以分为哪几个区？
2. 市场上常见的独立录入小键盘多为几个键？
3. 在具体操作中，哪两个专业的项目在财务工作中运用得最为普遍？

第二章　小键盘录入的基础知识

【实践导入】

小张上一次出色地完成了领导交给的任务，同时由于平时表现出色，提前结束实习，成为了公司正式的员工。这一次公司又新招了员工，领导让小张负责对新来的员工进行简单的财务键盘录入技术的培训，小张决定要从键盘录入的基础开始讲解，让员工了解本质。

第一节　小键盘录入原理

键盘是计算机中使用最普遍的输入设备，它一般由按键、导电塑胶、编码器以及接口电路等组成。在键盘上通常有上百个按键，每个按键负责一个功能，当用户按下其中一个时，键盘中的编码器能够迅速将此按键所对应的编码通过接口电路输送到计算机(或相关设备)的键盘缓冲器中，由 CPU 进行识别处理。通俗地说，也就是当用户按下某个按键时，它会通过导电塑胶将线路板上的这个按键排线接通产生信号，产生了的信号会迅速通过键盘接口传送到 CPU 中。

所以说，小键盘只是一个输入设备，要想让小键盘发挥作用，就需要有可以接收并将接收数据进行处理的其他设备。一般在实际工作中，我们都是配合电脑整机，对键盘中的小键盘部分进行操作的。也有练习或比赛专用的接收键盘录入信息，并处理数据的设备，比如翰林提传票翻打训练机(如图 2.1)。

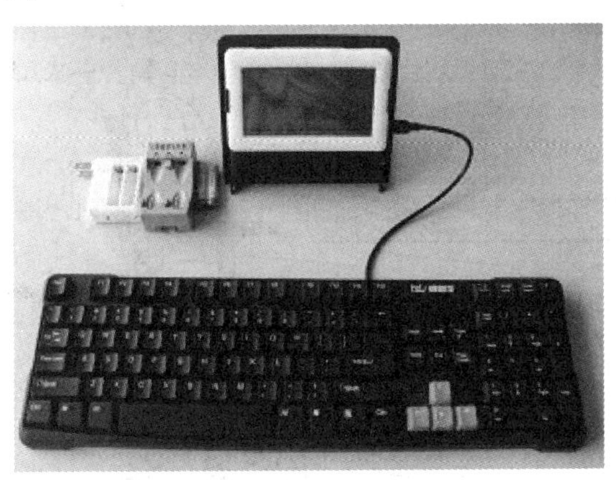

图 2.1　翰林提传票翻打训练机

数字小键盘操作是各类企事业单位财会人员在微机录入过程中经常应用的技能。输入的速度和准确性如何，直接影响工作效率和效果。事实上只要掌握了基本要领和方法，假以时日进行训练，就能够实现快速和自如的盲打输入，从而达到财会岗位工作要求。

计算机小键盘也叫数字小键盘，位于键盘的右下部分，也称小键盘、副键盘或数字/光标移动键盘，其主要用于数字、符号的快速录入及财经专业传票录入等，银行职员和财会人员多使用小键盘。

小键盘根据种类不同共有17～19个键位，其中包括数字操作键——0，1，2，3，4，5，6，7，8，9和小数点，数学运算符号键——加（＋）、减（－）、乘（×）、除（÷），Enter（回车）键及NumLock键（数字锁定键）。

数字小键盘各个键的分布紧凑、合理，适于单手操作，在录入内容为纯数字符号的文本时，使用数字键盘比使用主键盘更为方便，更有利于提高输入速度。

小键盘区左上角的NumLock键（数字锁定键）是数字小键盘锁定转换键，用来打开与关闭数字小键盘区。按下该键，键盘上的“NumLock”指示灯亮，此时可使用小键盘上的字键输入数字；再按一次NumLock键，指示灯灭，数字键作为光标移动键使用。因此，数字锁定键也称为“数字/光标移动”转换键。

第二节　小键盘录入的坐姿与指法

一、坐姿

在财务工作中，我们经常会长时间地进行录入和计算。所以，要想高效准确地进行录入，必须要有一个正确的坐姿。正确的坐姿在保证录入效果的同时，更重要的是对我们的身体健康有益，如果长时间维持错误的坐姿，会对我们的身体造成伤害。所以，在进行录入的时候保持正确的坐姿是必需的。那么怎样的坐姿才算正确呢？我们先来看一下正确坐姿的示意图（如图2.2）。

图2.2　坐姿示意图

总的来说，在进行小键盘录入操作时，应注意以下六点。

1. 桌椅要求

应备有专门的电脑桌椅，电脑桌的高度以站起来到达自己的臀部为准，电脑椅最好是可以调节高度的转椅。

2. 坐姿要求

双腿平放于桌下，身体微向前倾，背部与转椅椅面垂直；并贴住靠椅背，身体与数字小键盘的距离为 15～25 厘米。

3. 眼睛

眼睛的高度应略高于显示器 15°，眼睛与显示器距离为 15～35 厘米。

4. 肘和腕

右上臂自然下垂，右肘可以轻贴腋边，指腕不要压键盘边缘，右下臂和右手腕略微向上倾，与小键盘保持相同的斜度，右肘部与台面大致平行。

5. 手指

右手手指保持弯曲，形成勺状放于键盘上，轻轻按在与各手指相关的基本键位上。

6. 注意力

将录入的数据原稿平放于小键盘左侧，注意力集中在原稿上，左手食指指向要输入的数据，右手凭借触觉和指法规则击键。练习过程中禁止偷看小键盘。

二、指法

数字小键盘区是键盘中除主键盘外使用最为频繁的键区。和计算机主键盘区一样，数字小键盘区同样存在基准键位和原点键，数字小键盘区的基准键位是 4，5，6 三个键。将右手的食指、中指和无名指依次按顺序放在基准键位上，以确定手在键盘上的位置和击键时相应手指的出发位置。原点键也称盲打定位键，在小键盘基准键区中间位置的“5”键上有一个凸起的短横条(一些键盘上为小圆点)，这个键就是小键盘盲打定位键，可用右手指触摸相应的横条标记以使右手各手指归位。掌握了基准键位置，就可以进一步掌握小键盘区其他键位了。其中，右手食指负责击打 1，4，7 三个键，右手中指负责击打 2，5，8，/四个键，右手无名指负责击打.，3，6，9，四个键，右手小指负责击打 Enter、+、-键，右手大拇指负责击打 0 键。通过划分，整个小键盘手指分工明确，击打任何键时，只需把手指从基准键位移到相应的键上，正确输入后再返回基准键即可(如图 2.3)。

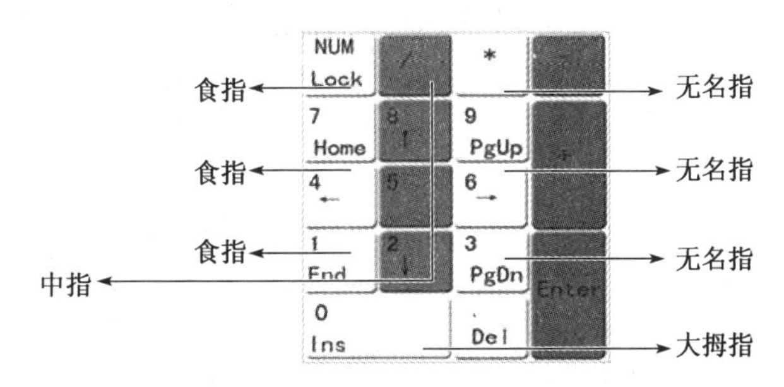

图 2.3 小键盘指法示意图

开始击键之前，将右手拇指、食指、中指、无名指、小指分别放置在 0，4，5，6，+键上，同时右手拇指可自然弯向掌心，手掌与键面基本平行。

击键时，右手对应的手指从基准键位出发迅速移向目标键，当指尖在目标键上方1厘米左右时，指关节瞬间发力，以第一指关节的指肚前击键，力度适中，每次击打一键，注意不要用指甲击键。击键后，击键的手指立即回归基准键位，恢复击键前的手形。由于数字小键盘各键位之间的距离短，击键数量少，从基准键位到其他键位路径简单易记，因此很容易实现盲打，减少击键错误，提高输入速度。

1. 基准键位和原点键的录入

操作要领：将右手食指、中指、无名指轻放在4，5，6键上，屈指用食指、中指、无名指指尖击打基准键。试着输入：456。

2. 数字键7，8，9的录入

操作要领：将右手食指、中指、无名指轻放在4，5，6键上，以指尖为轴同时向标准键上方屈指移动，用食指、中指、无名指指尖分别点击7，8，9键，击打完成后迅速返回到基准键上。试着输入：789。

3. 数字键0，1，2，3的录入

操作要领：将右手食指、中指、无名指轻放在4，5，6键上，以指尖为轴同时向标准键下方屈指移动，用食指、中指、无名指指尖分别点击1，2，3键，大拇指向掌心微屈，用指关节第一节侧方击打0键，击打完成后，食指、中指、无名指迅速返回到基准键上，拇指在原键位置不动。试着输入：1023。

4. 公式(数字键及运算符号)的录入

公式的录入是本章的提高部分。在熟练掌握计算机数字小键盘上各数字键位的基础上，强化运算符号实训，能更熟练地使用小键盘且更全面地掌握小键盘录入技术，全面提升我们对数字小键盘的操控能力。

操作要领：将右手食指、中指、无名指轻放在4，5，6键上准备开始，录入完其他键位后，要迅速返回基准键位，再录入下一个公式要素。要求录入速度快且录入准确率高，并注意运算结果按回车键确认。

试着输入：21312＋32432432＋44354353－23432＝。

在录入时，要避免用眼睛看着键盘或者间歇性看键盘。反复利用键盘上的定位符，即键位“5”上面的凸起处，以确定手指的位置，必须要克服想盯着键盘看的心理。因为在以后的财务工作中，我们需要一边用眼睛看着票据一边录入和运算。

再好的指法，也需要长时间地练习才能达到预期的效果。所以，通过高效的练习是提高录入成绩的唯一办法。同学们在课堂之余要勤加训练，在我们日后的工作中才能快速地进入工作状态，快别人一步！

【实训训练】

1. 一般键盘是由哪几部分组成的？
2. 在小键盘录入的指法中，无名指负责哪几个键的操作？
3. 在电脑或相关设备中进行录入训练：按照正确的指法录入。

(1)“0.1.2.3.4.5.6.7.8.9”和“enter”。

(2)“0/1/2/3/4/5/6/7/8/9”和“enter”。

(3)“0 * 1 * 2 * 3 * 4 * 5 * 6 * 7 * 8 * 9”和“enter”。

(4)“0—1—2—3—4—5—6—7—8—9”和“enter”。

(5)“0+1+2+3+4+5+6+7+8+9”和“enter”。

录入这五行字符为一个小的训练轮次，按照此方法反复录入3～5轮。每轮结束时可以进行核对，但不要边录入边核对，以保证录入过程的相对完整性。

4. 按照表2.1中的字符在excel中进行序号、模拟出生年月、模拟手机号和模拟身份证号的录入，并以每10行为一组进行计时训练。

表2.1 录入练习

序号	模拟出生年月	模拟手机号	模拟身份证号
1	56727663	50348348406	136446596607346799
2	80869642	95146197631	112825329887301204
3	62305345	63972698873	940062644223986652
4	86101971	57490587376	583195692974750415
5	81458705	85749461724	495339539085033174
6	96263943	86702284291	472627359668330495
7	62171238	30390446623	544859405559769770
8	99334180	96838473789	219391562828680437
9	28924662	83533854858	904229925063057539
10	41187564	56106801136	582005254469767774
11	22328014	88105659592	105642077974182251
12	11479498	18879417371	160660145692179642
13	89755975	44262265867	874370169726186368
14	24542998	30175770562	917656670358679476
15	80522515	33955696045	846769296539112515
16	26744267	82518182207	777232544166744215
17	97164611	19021527297	869607998430467894
18	65329709	15470655088	687657297963233141
19	62733897	77974520635	647559029559203796
20	18752853	11493262256	837004199638321800
21	52774463	13096097504	450496094523532706
22	52937011	92120034251	434320496752980902
23	67602620	34974651308	804620929691729330
24	23117293	89045063190	859527507589852783

（续表）

序号	模拟出生年月	模拟手机号	模拟身份证号
25	86829600	63509845929	505931137158095983
26	40743342	23379015779	569567221913843476
27	66344751	97670128863	712142078808493820
28	17418038	40558882430	582305620438620618
29	54210128	83621070521	158925675234488821
30	70205241	38890740662	766075679905228642
31	92344300	51797262499	201538012616716199
32	96125480	38837909510	954062425932875511
33	30548777	96038386244	829913895671673496
34	83012222	82802030918	814933364684113442
35	20143339	87180463643	265115243370591789
36	66235491	23433778485	107646322414535418
37	73810508	17754133556	298628658539362741
38	50311369	75019064893	657028849441095771
39	48711731	75630689210	821017317636201667
40	72975309	72091811311	257826283264116315
41	10789900	61900825350	760670715778005423
42	36115257	88856759920	694062627606788370
43	66720442	64733029140	142064207996077514
44	66191567	63263358198	148814128439560867
45	78760260	45232222111	657222916292326100
46	89614716	70566014624	603370763710607884
47	90092382	44210870414	812000727058694978
48	91023343	98012614283	785010886152443146
49	45227551	75358966612	806824746498512318
50	83150548	63374108833	985501918662474362
51	37135771	33186584847	887919356356534139
52	93721727	99943727407	847785916083825862
53	51691726	74095089535	207227382062826512
54	36582817	30230727862	393010538929993563
55	13627675	13363574628	522937671679265697

（续表）

序号	模拟出生年月	模拟手机号	模拟身份证号
56	91349375	31893232755	661612473820051787
57	25741598	44035640390	591924219240625176
58	95265742	78056847594	463665199941119830
59	37130420	97014545011	189174528239083849
60	17229430	72344145065	168865197001431873
61	66531896	48126674179	380482522757772521
62	84722147	82412403623	140228770405697835
63	14043175	11790940405	566140111653030562
64	49742557	38842201169	181129014378262738
65	73889853	15802933965	496616867775754414
66	82055597	49924836070	762165241803676283
67	25536643	55370909201	902345839245495401
68	98398495	57821868168	169553476982675583
69	97599272	78062768113	359476811914736698
70	55779523	53761019473	744801690863454745
71	54139722	70528291894	763830438974187468
72	46161900	40414669905	389538908815483799
73	59596032	31138243175	986757112160151144
74	42006797	66262601779	159086005675608572
75	99114271	81361178670	976279766116081488
76	54646550	16266907498	906075372397726487
77	41414249	71305310973	765678768924150404
78	44824988	25068499702	840699669795688846
79	74581758	17109889459	791281042644576127
80	93122434	39495539878	684820625762035898
81	69648765	11534313118	438181956273131505
82	20896349	54077822856	312056818293496251
83	14666813	93504976133	756285426895370593
84	52256635	51518049698	360970134819151875
85	65990391	15811873441	206477881317748742
86	95233715	90829052944	721104578036858201

（续表）

序号	模拟出生年月	模拟手机号	模拟身份证号
87	61424939	14847935588	240754192763904388
88	56662196	77461157445	424944094790996758
89	37033118	44085049624	750726013585547611
90	75517245	90021160599	686188702185696684
91	15908848	42689892965	181638435303391566
92	54302129	49354117950	351672519352635951
93	73690009	49669357097	147960399543957195
94	64156584	45112268937	773073614723451632
95	72541509	25198814304	775077593767457154
96	29829100	92203157421	354094733057024481
97	30495137	55001298798	878781902565004720
98	13684713	30557467658	106832204551182783
99	63837699	81986053917	493148262796669983
100	40319562	78500303871	280947680922031914

第三章　小键盘在财会账表算中的应用技法

【实践导入】

在日常的财务工作中，小张接触最多的就是各种账表，每次接到有关任务，他总是搞得自己手忙脚乱，虽然最终都能勉强完成工作，但总是不得章法，在用小键盘录入和计算时总是时不时地出现错误，导致返工。这次小张下定决心要系统地了解账表算，同时制订下用小键盘进行账表算练习计划，准备全面攻克这项技能。

第一节　认识账表算

在财经实务中，经常要做账表计算。在一张账表中，数据要进行纵横加总，要求纵横双方总额轧平。在运算过程中，我们更加强调一个“准”字，否则速度再快也都无济于事，更会带来不必要的麻烦。

账表算又称表册算，是指把纵行算与横行算合并于一张表格中，用横行和纵行栏加减计算最后求得两个总数相等(俗称“轧平”)。账表算是会计部门和金融部门日常工作中的重要业务之一，因此，必须要掌握好该种算法。

一、账表算的构成

(1) 格式：每张表由横 5 栏、纵 20 行数目组成，纵向 5 个算题，横向 20 个算题，求纵、横轧平，算出总计数。

(2) 账表中各行数字最低 4 位，最高 8 位；纵向题 4～8 位各 4 行；横向题 4～8 位各 1 个数，均为整数，不带小数。

(3) 每张表有 4 个减号，纵向第四、第五题中各有 2 个，横向分别在 4 个题中各有 1 个。

(4) 不设倒减法。

(5) 要求按顺序算题，前一张表不打完，后一张表不计分(如表 3.1)。

表 3.1　账表算(一)

	一	二	三	四	五	合计
一	3 049 827	9 240	270 658	18 462 537	91 563	
二	8 523 409	40 713 598	9 143	−604 921	59 281	
三	7 830	69 825	3 581 609	3 609	645 319	

（续表）

	一	二	三	四	五	合计
四	316 578	7 136 042	42 813	79 205 416	68 129 075	
五	91 678 325	804 795	9 064 378	41 267	2 406	
六	60 174	1 263 409	159 826	5 823	53 607 928	
七	20 941 563	7 863	32 570	981 537	−4 910 267	
八	6 245	591 280	72 561 409	4 097 823	36 781	
九	80 791	63 127 458	3 127	820 395	8 945 306	
十	6 015 429	80 591	64 082 951	7 608	281 437	
十一	67 891	6 437	7 136 098	253 041	95 723 014	
十二	390 467	73 490 521	5 283	−84 356	8 479 532	
十三	15 243 078	16 294	694 320	7 058 169	5 603	
十四	4 235	6 285 317	41 578	93 206 548	280 179	
十五	8 140	147 593	6 278 019	29 368 175	73 240	
十六	2 039 168	38 401 679	607 593	45 201	2 785	
十七	571 293	2 096	37 148 625	50 943	6 734 981	
十八	53 698 271	5 034 821	18 943	6 170	−405 269	
十九	451 769	67 592	4 025	3 094 817	49 183 076	
二十	70 415	836 715	78 690 452	7 936 281	9 804	
合计						

二、账表算纵向算题

每题 20 行 120 个数码字，如同竞赛加减题目一样，算法也可共用。

三、账表算横向算题

每题 5 个数目 30 个数码字，是一字排列的，虽然不同于竞赛题中的纵向题，可以一目多行，但是可以加强一目两行的练习。

四、账表算要求轧平，能轧平者另外加高分

因此，要求计算准确度高，如果一处出错，会影响全局。账表算需要进行反复练习，练习中根据自己的情况，确定适合的做法。以往，此账表算多使用算盘作为工具。但在此处，我们主要训练运用小键盘进行账表算，评判标准我们来参照运用算盘进行账表算的标准进行。

全国统一标准珠算技术竞赛题中要求账表算，算平每一张表。每张表满分 200 分，纵向每题 14 分，共计 70 分；横向题每题 4 分，共计 80 分，全卷合计 150，而能轧平者，再另加 50 分。

在细节上我们还要注意账表的摆放位置，要找到自己觉得舒服，同时不影响录入所用键盘的摆放位置。

第二节　账表算的具体方法

一、账表算的方法

那么，账表算到底是要怎么算的呢？上一节我们讲解了账表的基本构成，这节我们就来讲一下具体的算法。

其实规则并不复杂，一套账表算是 27 次累加的过程，并将数值记录好。也就是说，横向进行 20 次累加，得出 20 个结果；纵向进行 5 次累加，得出 5 个结果；然后将横向累加得出的 20 个结果再进行纵向累加，纵向累加得出的 5 个结果进行横向累加，最后把这两个数值进行对比，看是否轧平。都计算正确者在比赛中可以得到 200 分。

1. 账表纵向题运算

为了提高计算速度，纵向题应采用“一目多行”的方法，也可以用脑算的方法（稍后会对脑算法进行介绍）。这需要根据自己的加减法习惯打法进行长久的练习，才能达到最佳的效果。

2. 账表横向题运算

（1）一目一数计算法。横向题计算，运用传统加减法时，键盘应该放在该题的上方，以便算完后抄写答案。为了不打串行，不出差错，在计算时应使键盘靠近所计算的数据，算完一行数字键盘随之向下移动一行；如果键盘是有支架的，与桌面有空隙，算完一行数字，应将账表向上移动一行，这样可以提高计算速度。

（2）一目二横行的两数计算法。横行两数计算法与竖式一目二行计算法相比难度较大。因为横向是同位数左右排列而不是上下排列。但是，如果在熟练掌握了一目一行打法的基础上，可以用心算横行相邻两数同数位上对应数字之和，将和一次用小键盘键入，减少录入次数，提高答题速度。为防止错位，可以将左手中指、食指适当分开，同时指点左右两数的下边，这样便于确定横向两数的同位数。在练熟和掌握此法的基础上，也可以进行一目三横行的练习，只要坚持不懈地努力，一定会收到良好的效果。

可见，运算方法虽然不复杂，但是技巧相对较多。要想准确、高效地进行计算，掌握一些简单的技巧很重要。下面我们来介绍一些脑算和心算的技巧，来减少录入的次数，以提高我们的计算速度。

二、运算过程中的技巧

这里的技巧主要是指脑算，把脑算和小键盘录入结合起来，可以大大提高执行的效果。

所谓“脑算”，是指不用算盘或任何计算工具直接用大脑来计算的方法，古代称为“心算”。相对于珠算、笔算、尺算、电子计算器算等有形计算而言，它是一种无形的计算，是利用大脑进行思维活动的一种形式。

自古以来脑算方法就非常多，通常分为以下四大类。

1. 笔算式脑算法

笔算式脑算法同笔算基本一致，是利用大脑形象地再现笔迹演算过程而求得运算结果的一种脑算方法。现行小学数学课中采用的基本上都属于这种方法。

笔算式脑算要求熟记162个加减法算式和乘法九九口诀。对于多位数的运算，需要用笔记录中间运算过程，因此，笔算式脑算实际上是脑算加笔录的手操算。

显然，这种脑算法需死记运算结果，不仅难学，而且计算的位数不能太多，效率不高。其算法模型与计算机运算模型不一致，不具备通用性。

2. 概念式脑算法

概念式脑算法是一种较特殊的算法，它利用数与数之间的特殊关系，根据各种运算定律、性质、法则进行简便脑算的方法。

这种脑算必须死记各种各样的规律，难学、难用，适用范围较小，不适合作为普及型脑算法。其运算模型也不具备通用性。

3. 指算式脑算法

指算式脑算法是指按照指算的法则和模式进行的脑算。在我国古代称为"一掌金""手算"。运算前以左手五指作为5位，每指分在左、中、右3行，分别在指节上暗记数码1、2、3、4、5、6、7、8、9，运算时，用右手指掐在相对应的左手指记数部位上。由于古人衣袖较长，两手都可在袖中掐指默算，故称"袖里吞金"。

显然，指算示数最多是五位，以手指替代数码字辅助脑算，不能从根本上实现脑算普及的目标。

4. 珠算式脑算法

珠算式脑算法简称"珠心算"，就是把26个动珠码内化在脑中，在脑中通过拼排动珠码求得结果的脑算。

珠算式脑算按照珠算的模型，计算时从高位起算，数字输入与运算一致，数字拼排自如，珠停数出，运算过程最短，具有一体性。这种脑算模型通用于手操算、计算机运算、脑算等，学习上形象、直观、易学。它是目前世界上最好的脑算。但是，也要求我们要掌握珠算的基本功才可以使用此方法。

以上是一些简单的脑算方法的介绍，同学们可以根据自己的情况深入学习一些适合自己的脑算方法，来提高小键盘录入时的速率。

三、脑算单积的简单方法

下面着重介绍一种常用的且入门门槛较低的脑算形式，可以在小键盘录入过程中提高效率。同时，对我们日后的财务工作也会起到不小的帮助。

这个方法就是阿拉伯数码脑算单积。所谓单积，就是指乘数是个位数的乘法，也有的地方把这种方法叫做"一口清"。它是根据两数相乘的本个与后进的规律，通过本个加后进的运算法则而逐位拼出单积。学习此法有一定难度，但它突破了笔算乘法依九九口诀逐位求积的束缚，所以在一些地方得到广泛运用。

1. 基本原理

(1) 本个：用一位非零数码X乘多位数中某位数码所得积的个位数码，叫该位的本个码，简称"本个"。

(2) 后进：用一位非零数码X与后位数相乘而要进到前位的数码，叫该位的后进码，简称"后进"。

例如：

2 × 0 1 6 7 = 334

本个： 0 2 2 4

＋

后进： 0 1 1 0

‖

逐位积： 0 3 3 4

2. 逐位积计算法则

有了本个与后进的概念，逐位积就是将本个与后进相加逐位拼排而得。由于已提前进位，本个加后进若满十，舍十取个即可。其计算法则是：

逐位积 = 本个码 + 后进码

从概念中可知，两个数码相乘其本个码按九九取积的个位数，但后进码的确定有时需要观察被乘数的一位、两位，甚至更多位，因此熟练掌握后进的规律是本法的重点和难点。

3. 乘数是 2、5 的进位规律

在日常的财务工作中，我们经常遇到的乘法运算，主要是在货币的累加中，在统计面值为"2"和"5"钱币时，会用到将算好的货币总数进行累加。所以，我们这里主要讲解乘数为 2、5 的乘法的运算规律，对其他乘数的运算感兴趣的同学可以课下进行讨论。

(1) 乘数是 2 的单积。

例：

0 1 2 3 4 5 6 7 8 9 × 2 = 2 4 6 9 1 3 5 7 8

本个 ⟶ 0 2 4 6 8 0 2 4 6 8

＋

后进 ⟶ 0 0 0 0 1 1 1 1 1 0

‖

逐位积 ⟶ 0 2 4 6 9 1 3 5 7 8

说明：算前看后，见 5、6、7、8、9 进 1。

(2) 乘数是 5 的单积。

例：

0 1 2 3 4 5 6 7 8 9 × 5 = 6 1 7 2 8 3 9 4 5

本个 ⟶ 0 5 0 5 0 5 0 5 0 5

＋

后进 ⟶ 0 1 1 2 2 3 3 4 4 0

‖

逐位积 ⟶ 0 6 1 7 2 8 3 9 4 5

说明：本个规律是"偶为 0，奇为 5"；偶数一半是后进，奇数减 1 后，一半是后进。

第三节　用小键盘进行账表算

用小键盘进行账表算不同于用算盘进行账表算。算盘既是输入设备也是输出设备，同时还有计算的功能。所以，在用算盘时，我们只要拿着算盘，所有的数据就都可以算得。但是小键盘只是一个输入工具，我们要想像算盘那样同时进行计算和输出，还要有相应的设备支持。

一、运用计算机中的 Excel 软件进行计算

在我们将数字用小键盘录入计算机后，也要按照规则对账表进行计算，这时我们可以使用电脑中的 Microsoft Office Excel 软件进行计算。

在算题之前我们先在计算机上双击图标（如图 3.1 所示）。或者点击开始菜单中的"所有程序"——"Microsoft Office"——"Microsoft Office Excel"都可以将 excel 工作表打开。

图 3.1 Microsoft Office Excel 快捷键图标

然后按照账表的格式，将所有数字按照 20 行 5 列的形式录入工作表中。在录入中，按"回车键"激活所选单元格下面单元格，就可以开始下面单元格的录入，录入好一整列后，我们需要用鼠标点选第二列的第一个单元格进行下一列的录入，以此类推完成全部数据的录入。在不同的计算机中，由于系统或软件版本的不同，可能在 Excel 的操作上有所区别，但是我们的录入过程是大体一致的。

录入好以后，会在 Excel 文件中形成和账表样式类似的文件，如表 3.2 所示。

表 3.2 账表算

	一	二	三	四	五	
一	3 049 827	9 240	270 658	18 462 537	91 563	
二	8 523 409	40 713 598	9 143	−604 921	59 281	
三	7 830	69 825	3 581 609	3 609	645 319	
四	316 578	7 136 042	42 813	79 205 416	68 129 075	
五	91 678 325	804 795	9 064 378	41 267	2 406	
六	60 174	1 263 409	159 826	5 823	53 607 928	
七	20 941 563	7 863	32 570	981 537	−4 910 267	
八	6 245	591 280	72 561 409	4 097 823	36 781	
九	80 791	63 127 458	3 127	820 395	8 945 306	
十	6 015 429	80 591	64 082 951	7 608	281 437	
十一	67 891	6 437	7 136 098	253 041	95 723 014	
十二	390 467	73 490 521	5 283	−84 356	8 479 532	
十三	15 243 078	16 294	694 320	7 058 169	5 603	
十四	4 235	6 285 317	41 578	93 206 548	280 179	
十五	8 140	147 593	6 278 019	29 368 175	73 240	
十六	2 039 168	38 401 679	607 593	45 201	2 785	
十七	517 293	2 096	37 148 625	50 943	6 734 981	
十八	53 698 271	5 034 821	18 943	6 170	−405 269	
十九	451 769	67 592	4 025	3 094 817	49 183 076	
二十	70 415	836 715	78 690 452	7 936 281	9 804	

我们选中第一列的数值与下方一个单元格(如图 3.2 所示),然后点击求和按钮“Σ”,就可以得到如图 3.3 所示的累加结果。

一
3049827
8523409
7830
316578
91678325
60174
20941563
6245
80791
6015429
67891
390467
15243078
4235
8140
2039168
517293
53698271
451769
70415

图 3.2 选中后效果

一
3049827
8523409
7830
316578
91678325
60174
20941563
6245
80791
6015429
67891
390467
15243078
4235
8140
2039168
517293
53698271
451769
70415
203170898

图 3.3 求和后效果

按照此方法,我们可以快速地算出每列和每行的累加值,然后将结果填写到答题纸上即可。

二、运用计算机中的计算器软件进行累加

在用小键盘进行录入的时候,我们还可以使用计算机中的计算器软件。通过该软件的小键盘进行操作,然后直接读取计算器最后输出的结果,完成答题。

首先,在计算机中找到“开始”——“程序”——“附件”——“计算器”(不同的系统版本路径可能略有不同,但都有系统自带的计算器程序),点击后,打开计算器界面。

然后,左手固定住账表,最好用手指逐行下移,右手进行录入。录入的时候直接进行带运算的敲击。

比如:第一横行的 5 个数分别为“3049827”“9240”“270658”“18462537”和“91563”。则我们直接用小键盘录入:“3049827+240+270658+18462537+91563=”,录入后把计算器中显示的结果写入答题纸上即可。纵向的累加操作方法相同。

三、相关标准

在相关大赛中,账表算也是有一定的标准的。我们参照《全国统一标准珠算技术竞赛》的标准,账表算的时间为 15 分钟。全卷两张,每一张横向 20 题,纵向 5 题,要求纵横轧平,得出总数。要求按顺序算题,前表不算完,后表不加分。

【实训训练】

1. 在训练题中，账表一般为几行几列？

2. 列举3种常见的脑算方法。

3. 运用计算机中的 Excel 软件进行表3.3至表3.42的计算，并将结果填入相应的单元格内。

4. 运用计算机中的计算器进行表3.3至表3.42的计算，并将结果填入相应的单元格内。

表3.3　账表算(一)

	一	二	三	四	五	合计
一	3 049 827	9 240	270 658	18 462 537	91 563	
二	8 523 409	40 713 598	9 143	−604 921	59 281	
三	7 830	69 825	3 581 609	3 609	645 319	
四	316 578	7 136 042	42 813	79 205 416	68 129 075	
五	91 678 325	804 795	9 064 378	41 267	2 406	
六	60 174	1 263 409	159 826	5 823	53 607 928	
七	20 941 563	7 863	32 570	981 537	−4 910 267	
八	6 245	591 280	72 561 409	4 097 823	36 781	
九	80 791	63 127 458	3 127	820 395	8 945 306	
十	6 015 429	80 591	64 082 951	7 608	281 437	
十一	67 891	6 437	7 136 098	253 041	95 723 014	
十二	390 467	73 490 521	5 283	−84 356	8 479 532	
十三	15 243 078	16 294	694 320	7 058 169	5 603	
十四	4 235	6 285 317	41 578	93 206 548	280 179	
十五	8 140	147 593	6 278 019	29 368 175	73 240	
十六	2 039 168	38 401 679	607 593	45 201	2 785	
十七	517 293	2 096	37 148 625	50 943	6 734 981	
十八	53 698 271	5 034 821	18 943	6 170	−405 269	
十九	451 769	67 592	4 025	3 094 817	49 183 076	
二十	70 415	836 715	78 690 452	7 936 281	9 804	
合计						

表 3.4 账表算(二)

	一	二	三	四	五	合计
一	57 280	7 096 213	953 481	3 609	10 437 286	
二	903 517	10 746	6 248	54 681 930	3 562 978	
三	5 093	81 476 539	4 601 587	−60 824	495 137	
四	94 710 835	580 321	82 694	7 845 162	7 209	
五	8 641 029	5 973	78 490 321	267 485	40 361	
六	24 163	4 096 835	285 046	1 074	72 089 153	
七	310 756	84 729	3 285	40 679 531	−4 802 679	
八	5 897	18 693 540	1 730 462	53 240	197 685	
九	64 293 108	267 034	81 947	8 195 627	5 938	
十	1 506 287	8 496	53 017 492	279 503	84 561	
十一	25 493	7 124 659	580 671	7 056	39 521 048	
十二	786 415	89 146	9 023	35 206 198	6 274 530	
十三	4 236	95 271 830	1 047 539	82 971	−190 845	
十四	70 169 483	485 271	30 691	5 147 238	5 269	
十五	2 546 391	4 058	48 293 756	301 692	16 708	
十六	62 789	1 932 605	765 294	4 831	73 805 124	
十七	170 268	53 491	1 567	40 598 723	4 267 039	
十八	4 017	80 729 563	8 923 506	64 197	126 483	
十九	59 680 234	640 725	10 783	−7 981 523	3 176	
二十	4 759 681	1 827	60 271 935	409 365	94 528	
合计						

表 3.5 账表算(三)

	一	二	三	四	五	合计
一	71 820 439	4 307	10 729	524 680	3 091 475	
二	83 741	5 103 698	371 986	5 048	94 506 137	
三	67 205 398	671 245	4 637 015	79 483	−5 283	
四	420 835	4 260 873	94 850	8 206	68 234 057	
五	5 074	97 528	5 081 627	92 145 768	190 284	
六	9 730 452	18 603 452	8 013	237 591	38 296	
七	6 209 847	5 196	794 251	83 642 710	79 061	
八	21 478	208 345	39 406 527	−7 038 294	1 642	

（续表）

	一	二	三	四	五	合计
九	136 894	63 294	3 762	1 506 478	59 628 471	
十	85 209 146	5 912 078	98 105	7 134	250 713	
十一	592 680	9 503	64 109 258	68 703	5 037 468	
十二	1 608 395	91 607 438	420 763	39 278	5 246	
十三	5 173	178 246	6 592 378	95 062 483	70 314	
十四	2 601	5 910 823	84 605	39 608 271	−895 467	
十五	62 908 453	41 938	295 843	1 532 407	1 703	
十六	379 041	39 407 186	4 902	89 520	9 548 137	
十七	65 873	5 021	5 903 674	215 789	47 109 256	
十八	2 813 769	67 285	27 194 386	3 954	268 390	
十九	51 476	90 471 536	8 134	−698 135	6 320 819	
二十	9 213	984 267	85 926 713	7 054 968	68 095	
合计						

表 3.6　账算表(四)

	一	二	三	四	五	合计
一	90 145	2 841 367	804 326	5 895	61 530 798	
二	31 072	7 023 945	659 483	8 649	78 296 031	
三	7 296 804	5 173	95 021 876	406 532	41 289	
四	83 715 296	190 836	46 721	9 530 246	5 078	
五	8 137	94 026 175	2 658 493	42 068	−251 793	
六	913 578	45 298	30 491 578	29 764 831	3 016 475	
七	36 085	7 094 851	137 269	1 347	80 253 691	
八	8 294 673	6 095	4 602	246 589	30 267	
九	16 032 748	350 284	91 568	−7 031 895	4 591	
十	8 259	54 083 167	7 014 386	19 247	601 294	
十一	605 942	12 769	9 543	68 037 251	7 120 845	
十二	70 465	1 803 974	750 324	1 762	29 013 658	
十三	1 097 234	6 283	17 034 652	704 819	56 849	
十四	82 741 596	390 254	89 741	1 590 236	4 073	
十五	4 021	40 139 568	1 958 327	−57 064	982 367	
十六	392 645	73 296	7 082	67 035 981	4 208 135	
十七	6 059 834	1 627	25 381 907	310 578	−63 294	
十八	20 816 479	580 412	90 567	2 945 037	4 176	
十九	7 563	89 347 621	5 402 891	12 803	379 564	
二十	184 395	20 756	1 603	85 294 137	5 204 678	
合计						

表 3.7 账表算(五)

	一	二	三	四	五	合计
一	3 718	78 420 563	2 948 536	80 126	531 294	
二	98 176 253	179 608	70 692	3 298 014	8 075	
三	1 704 982	7 135	95 781 026	−510 362	62 591	
四	50 291	6 473 281	468 203	2 956	90 173 684	
五	638 459	50 123	3 018	91 823 547	8 205 467	
六	7 236	97 341 682	4 092 581	42 083	493 675	
七	29 401 768	564 109	54 726	7 506 439	7 834	
八	5 910 473	6 784	80 275 938	380 157	−82 493	
九	61 052	3 094 257	694 083	4 835	71 903 628	
十	698 203	29 478	1 736	70 831 964	8 130 256	
十一	4 236	59 013 286	4 375 291	65 097	721 938	
十二	37 145 692	693 504	61 749	−6 908 531	4 309	
十三	1 704 528	8 267	83 075 124	280 479	26 598	
十四	35 706	1 096 382	407 235	9 214	18 503 629	
十五	490 854	34 178	2 934	41 075 836	7 420 187	
十六	68 709 412	750 243	85 196	3 290 765	1 475	
十七	3 627 945	2 095	40 379 815	843 172	−40 637	
十八	30 685	6 109 542	162 973	7 421	86 021 945	
十九	817 963	94 275	5 061	58 491 637	3 910 567	
二十	4 859	68 107 935	1 704 836	62 759	405 217	
合计						

表 3.8 账表算(六)

	一	二	三	四	五	合计
一	780 126	45 931	6 175	83 295 047	4 609 723	
二	1 047	90 283 675	8 360 952	47 961	−126 834	
三	53 026 894	402 756	81 073	2 135 789	5 163	
四	7 819 546	7 182	63 210 597	603 594	49 825	
五	25 084	6 309 217	395 148	2 906	81 730 642	
六	179 305	70 641	4 286	30 468 591	5 368 297	
七	5 093	19 863 274	7 081 564	40 826	495 173	
八	74 208 391	280 531	46 398	−1 584 267	2 097	
九	9 012 648	7 953	8 153	276 845	43 106	

（续表）

	一	二	三	四	五	合计
十	28 736	4 908 635	284 056	1 704	29 035 871	
十一	607 153	92 784	17 490 328	69 204 351	7 420 698	
十二	1 879	43 156 809	3 107 642	51 043	798 561	
十三	80 324 196	720 643	81 974	2 105 769	9 835	
十四	5 608 471	4 698	40 293 157	−750 923	61 854	
十五	24 593	5 327 146	680 715	8 567	94 018 325	
十六	658 147	61 498	1 092	70 139 258	6 274 053	
十七	4 236	13 705 289	4 057 319	82 769	−190 485	
十八	19 780 643	781 425	63 091	3 715 284	5 926	
十九	3 956 124	5 804	79 426 583	930 124	81 067	
二十	78 269	6 130 529	675 294	6 831	17 042 538	
合计						

表 3.9　账表算(七)

	一	二	三	四	五	合计
一	23 475 986	1 069	38 056	612 480	4 723 095	
二	7 598	842 351	50 849 237	7 023 165	61 409	
三	12 043	96 054 718	4 065	−351 682	9 126 378	
四	9 834 725	13 284	97 530 482	9 130	541 067	
五	90 142	9 706	4 069 123	568 743	82 650 743	
六	693 207	60 237 845	5 861	17 986	6 178 052	
七	84 756 130	42 579	273 596	8 130 294	−3 968	
八	7 568	9 158 460	17 408	62 593 781	534 021	
九	3 197	670 284	9 540 231	25 169 408	65 370	
十	5 614 239	16 743 902	309 862	78 534	1 085	
十一	248 560	5 239	60 174 958	83 267	6 092 743	
十二	68 129 045	8 367 154	41 726	9 043	−837 592	
十三	947 218	90 825	7 835	4 623 017	76 241 903	
十四	70 843	169 480	10 329 578	6 029 541	6 217	
十五	3 126 570	3 725	530 189	54 791 068	48 296	
十六	7 652 831	73 021 468	6 472	−345 297	82 541	
十七	6 073	98 152	4 182 936	9 362	724 869	
十八	180 964	4 690 573	67 451	20 538 749	19 450 382	
十九	92 809 654	317 208	3 279 160	70 495	9 753	
二十	43 709	5 964 723	248 951	6 581	68 930 521	
合计						

表 3.10 账表算(八)

	一	二	三	四	五	合计
一	980 364	71 052	5 861	80 794 263	5 137 209	
二	8 012	41 269 378	3 406 759	68 375	204 981	
三	79 265 134	905 763	40 127	1 420 598	−8 126	
四	8 493 510	7 129	68 437 052	205 836	14 798	
五	58 762	5 470 982	813 409	9 380	62 371 845	
六	170 498	12 479	5 263	68 395 124	9 507 368	
七	7 956	82 540 361	3 274 806	10 542	243 187	
八	30 419 267	715 048	36 924	−7 048 165	8 295	
九	8 752 496	8 173	17 265 890	436 529	41 039	
十	19 205	5 264 398	920 875	7 164	80 136 475	
十一	405 319	84 726	4 098	37 128 506	9 057 263	
十二	7 403	31 560 298	1 526 983	−79 420	495 761	
十三	28 791 356	739 580	34 106	1 024 856	9 406	
十四	9 274 108	1 405	93 502 864	732 698	27 815	
十五	81 035	2 603 549	682 471	6 932	34 609 157	
十六	208 463	34 790	7 519	78 169 423	−8 025 961	
十七	6 328	40 719 256	9 130 487	31 579	278 406	
十八	42 037 861	138 645	59 721	8 170 495	5 320	
十九	9 134 725	2 068	10 725 463	905 781	37 946	
二十	75 469	2 693 871	851 379	4 073	50 213 684	
合计						

表 3.11 账表算(九)

	一	二	三	四	五	合计
一	9 582	36 810 475	7 603 184	45 297	140 296	
二	405 269	62 791	4 593	70 531 628	2 854 107	
三	65 074	9 173 048	350 742	2 176	35 180 962	
四	9 024 137	2 683	65 207 134	−798 041	46 598	
五	75 169 428	562 039	49 871	5 316 920	7 043	
六	1 042	80 193 465	3 725 198	60 574	683 297	
七	254 396	49 276	7 802	79 108 653	4 025 183	
八	8 430 659	2 167	18 953 027	785 031	−39 462	
九	64 197 208	850 214	67 905	5 937 042	1 763	

（续表）

	一	二	三	四	五	合计
十	3 567	69 172 843	8 192 054	30 821	465 839	
十一	394 185	65 207	1 603	72 945 138	7 206 541	
十二	40 519	1 786 432	604 832	3 895	81 950 637	
十三	21 073	9 245 703	465 398	8 496	32 168 709	
十四	8 640 729	3 175	90 678 521	253 064	82 491	
十五	59 172 368	863 019	24 176	−6 540 293	7 508	
十六	7 831	27 506 941	5 968 234	62 048	−195 237	
十七	135 978	94 528	4 026	81 396 274	5 430 176	
十八	83 056	7 185 409	763 192	7 431	61 295 048	
十九	7 942 683	9 056	40 198 375	985 124	62 307	
二十	32 670 148	248 503	56 198	6 013 789	9 451	
合计						

表 3.12　账表算(十)

	一	二	三	四	五	合计
一	65 241 938	83 174	6 473	593 268	7 508 263	
二	109 863	6 529 417	51 840 329	70 426	9 546	
三	24 509	3 208	236 047	1 392 047	90 743 128	
四	1 876 245	84 069 537	19 825	7 598	−628 759	
五	7 054	590 326	8 560 791	62 385 014	43 021	
六	985 346	4 238 159	62 038 147	41 708	5 934	
七	39 285	7 265	759 803	8 230 947	85 049 367	
八	5 013 492	60 128 579	96 572	−3 296	172 839	
九	1 075	310 497	1 547 293	75 514 326	95 604	
十	61 850 437	65 083	8 406	901 865	9 126 078	
十一	25 971	2 759	290 184	4 590 682	31 469 207	
十二	8 370 592	17 059 263	16 209	7 184	283 569	
十三	6 471	98 435	7 129 546	62 594 073	80 512	
十四	39 062 814	17 694	5 830	−329 147	1 275 483	
十五	406 583	3 680 241	85 760 394	60 531	6 704	
十六	3 819 756	15 208 793	29 643	3 285	179 356	
十七	1 247	481 267	6 420 178	97 014 356	30 829	
十八	92 530 764	93 056	9 517	460 197	−7 426 051	
十九	401 857	1 836 547	12 085 639	28 309	8 436	
二十	29 068	2 095	841 053	6 820 475	52 801 467	
合计						

表 3.13　账表算(十一)

	一	二	三	四	五	合计
一	5 186 230	90 864 532	7 596 284	4 170	265 891	
二	4 708	136 278	1 396	80 295 631	−48 136	
三	62 931 547	41 597	81 297 063	420 679	7 186 024	
四	389 761	4 936 071	18 275	85 493	9 730	
五	1 802 496	28 154 630	9 637 054	8 156	450 298	
六	5 764	405 179	4 827	32 490 678	69 135	
七	92 670 385	29 836	10 625 938	−740 253	6 240 371	
八	803 147	8 067 194	840 163	69 125	6 582	
九	21 593	5 283	40 759 631	3 018 479	94 751 630	
十	59 247 681	14 067	7 906	581 962	5 126 398	
十一	312 946	2 085 479	24 786 531	70 539	8 079	
十二	80 273	3 165	375 096	6 052 473	45 671 390	
十三	4 168 509	62 710 839	21 485	−1 028	185 206	
十四	2 730	936 528	8 943 012	15 478 639	24 375	
十五	960 827	2 759 186	630 821	41 703	6 287	
十六	56 012	8 205	25 984	3 205 671	80 495 173	
十七	6 048 973	80 512 973	9 746 258	4 928	−864 501	
十八	3 458	435 607	7 103	95 410 836	27 639	
十九	58 130 749	61 394	543 210	268 749	4 139 052	
二十	41 208	2 048	70 935	1 527 983	29 075 436	
合计						

表 3.14　账表算(十二)

	一	二	三	四	五	合计
一	25 084	8 025	302 514	1 597 283	64 275 093	
二	8 102 563	40 265 938	45 793	4 071	128 659	
三	9 470	782 361	5 024 879	92 851 603	45 381	
四	42 156 739	47 290	3 168	−602 345	8 104 756	
五	918 763	5 631 947	18 690 723	69 834	7 093	
六	8 196 024	48 026 531	75 962	5 168	264 809	
七	4 507	104 759	7 491 350	32 407 896	−56 931	
八	67 290 385	32 698	2 804	723 409	4 035 798	
九	301 478	7 940 186	64 218 935	51 362	1 267	

（续表）

	一	二	三	四	五	合计
十	92 531	8 253	671 483	7 195 803	58 179 043	
十一	42 756 189	40 761	7 906	826 519	1 985 306	
十二	123 694	2 975 084	14 378 562	95 073	9 278	
十三	73 582	1 536	530 697	4 263 508	21 367 045	
十四	9 741 058	67 082 913	24 815	−7 210	591 802	
十五	7 308	256 398	8 941 230	15 694 837	64 735	
十六	128 679	1 857 462	60 713 594	73 140	8 267	
十七	81 265	9 085	280 163	7 160 534	81 203 976	
十八	3 285 476	59 018 423	59 082	6 925	−410 265	
十九	8 034	360 742	7 085 426	81 049 586	28 973	
二十	94 160 873	81 936	1 937	284 793	5 924 130	
合计						

表 3.15　账表算(十三)

	一	二	三	四	五	合计
一	3 069	49 217 856	2 814 597	63 058	152 736	
二	84 561 293	361 549	26 079	1 790 824	5 021	
三	3 845 067	2 076	95 014 286	693 528	−82 743	
四	71 619	9 268 105	482 073	2 485	90 236 175	
五	980 426	53 690	5 137	30 275 948	8 214 567	
六	2 984	36 275 108	7 930 465	50 379	382 046	
七	68 790 243	709 241	25 378	−1 463 507	1 986	
八	7 531 098	4 768	39 817 062	615 374	39 052	
九	26 105	5 893 247	174 935	9 036	16 284 709	
十	960 542	71 683	7 142	91 530 824	9 317 658	
十一	4 786	73 852 904	2 973 056	42 139	568 704	
十二	35 128 079	125 639	60 873	8 107 564	4 287	
十三	7 540 961	3 857	49 620 318	681 249	57 034	
十四	18 243	5 610 483	791 045	−9 564	81 723 649	
十五	674 035	78 305	8 196	42 190 678	3 105 294	
十六	3 521	24 106 279	2 903 864	67 185	−490 378	
十七	28 076 539	370 146	95 082	4 603 271	1 854	
十八	5 314 208	9 473	73 128 645	920 815	50 679	
十九	53 716	1 082 549	561 438	7 203	24 179 603	
二十	185 079	40 832	4 065	84 129 736	6 531 829	
合计						

表 3.16 账表算(十四)

	一	二	三	四	五	合计
一	570 931	70 146	8 264	93 168 405	3 675 298	
二	5 093	17 268 934	6 405 178	−80 246	194 573	
三	91 470 836	803 512	36 894	7 458 162	7 902	
四	8 106 294	7 935	78 294 013	672 485	30 164	
五	73 412	6 940 583	685 402	1 047	78 305 291	
六	310 675	82 479	5 138	42 360 591	9 620 748	
七	5 987	93 108 654	2 103 746	45 013	−179 856	
八	64 293 018	236 047	17 894	9 152 675	3 598	
九	2 516 087	4 968	53 071 249	279 503	81 546	
十	29 543	7 125 346	180 675	7 086	29 843 015	
十一	578 614	81 469	2 901	35 102 798	4 275 603	
十二	4 263	25 178 903	4 109 573	78 269	910 845	
十三	17 368 940	470 258	31 906	5 147 382	5 296	
十四	2 546 391	5 804	84 293 765	301 296	−18 760	
十五	62 789	9 132 065	679 524	8 143	31 507 248	
十六	108 276	53 149	1 765	95 230 874	7 264 039	
十七	4 107	80 729 563	2 890 356	−19 764	426 183	
十八	95 680 243	407 256	31 708	2 853 917	1 536	
十九	4 561 789	1 827	60 127 539	475 603	94 285	
二十	52 408	7 923 601	395 841	3 960	83 647 102	
合计						

表 3.17 账表算(十五)

	一	二	三	四	五	合计
一	9 148	30 697	4 296 071	7 014	506 247	
二	462 789	8 247 351	52 934	60 813 275	79 230 186	
三	90 687 234	951 860	1 075 498	−58 273	7 531	
四	12 587	2 437 105	620 739	4 962	64 871 093	
五	31 205 764	4 978	34 168	390 846	5 023 781	
六	7 536	610 293	83 267 510	5 108 943	47 829	
七	80 921	74 283 569	4 283	931 064	−9 165 407	
八	6 172 053	91 206	57 183 602	7 198	293 548	
九	89 207	7 854	2 740 198	346 521	60 834 125	

（续表）

	一	二	三	四	五	合计
十	147 580	84 150 623	4 963	59 746	9 548 630	
十一	26 453 819	27 035	571 340	−6 198 270	7 146	
十二	5 364	6 973 824	95 268	40 731 695	319 208	
十三	1 975	405 268	7 893 120	39 047 268	18 534	
十四	4 193 027	19 524 780	178 604	65 312	3 968	
十五	620 834	1 073	84 295 763	16 540	8 497 025	
十六	92 407 823	6 549 132	42 905	7 821	−165 730	
十七	750 652	78 063	5 136	2 104 598	45 290 871	
十八	81 526	492 687	98 107 365	7 093 824	5 194	
十九	4 109 835	1 504	831 976	39 648 572	47 602	
二十	5 430 961	51 809 362	5 024	751 230	60 293	
合计						

表 3.18　账表算(十六)

	一	二	三	四	五	合计
一	6 140	82 504 397	9 715 826	17 953	205 486	
二	20 518 946	691 423	37 905	9 568 237	8 013	
三	1 729 503	6 084	80 593 142	785 693	−15 724	
四	35 274	5 170 946	371 596	2 158	83 190 462	
五	724 168	98 035	9 643	81 275 640	5 918 073	
六	8 096	92 407 165	4 281 537	41 563	280 967	
七	57 430 219	378 145	20 598	−6 209 738	4 609	
八	6 172 398	5 079	61 284 305	830 641	96 725	
九	56 403	8 230 675	169 728	1 786	50 194 632	
十	895 276	92 507	4 130	46 173 209	7 835 146	
十一	3 475	61 823 490	1 052 864	90 382	−102 569	
十二	18 297 540	295 826	41 702	6 285 943	6 073	
十三	3 560 274	1 569	59 430 867	412 730	27 981	
十四	79 830	3 042 761	708 635	5 294	84 619 253	
十五	281 379	64 502	6 278	15 906 843	3 578 140	
十六	5 182	19 830 674	9 034 167	75 280	237 495	
十七	60 791 345	751 836	21 984	8 290 634	8 274	
十八	7 052 698	9 283	17 283 640	−105 746	50 936	
十九	96 831	8 140 732	640 295	7 014	21 548 379	
二十	680 214	21 875	5 379	46 190 275	6 470 398	
合计						

表 3.19　账表算(十七)

	一	二	三	四	五	合计
一	72 184	304 825	54 172 369	6 803 497	7 146	
二	369 218	29 634	1 792	7 468 053	18 762 305	
三	20 536 894	7 190 528	80 156	8 734	−297 531	
四	849 206	3 795	40 532 981	21 607	4 053 168	
五	7 053 698	50 871 643	743 026	18 972	9 245	
六	1 735	614 208	3 954 867	69 350 284	40 791	
七	2 091	5 923 084	42 851	71 863 902	795 684	
八	82 190 475	61 398	316 079	−5 423 671	2 307	
九	371 064	94 017 286	5 209	95 023	1 845 769	
十	43 586	3 041	8 403 675	512 879	62 091 285	
十一	8 137 269	75 286	13 749 268	4 935	564 901	
十二	65 874	83 209 145	8 049	158 093	9 036 127	
十三	9 123	782 569	97 283 164	8 761 904	43 058	
十四	67 918 032	3 054	40 279	−256 081	8 109 347	
十五	73 841	1 097 836	628 593	7 205	32 075 461	
十六	52 049 683	754 621	1 763 045	54 619	9 734	
十七	205 438	8 391 704	80 159	7 206	53 498 607	
十八	4 075	32 596	479 235	26 479 138	132 068	
十九	7 069 152	17 465 028	8 016	391 547	−69 582	
二十	1 706 945	7 196	2 506 783	64 153 208	80 326	
合计						

表 3.20　账表算(十八)

	一	二	三	四	五	合计
一	4 286	159 237	6 408 579	91 076 453	80 512	
二	8 607 194	67 451 982	145 387	−29 038	3 056	
三	590 731	8 407	52 036 491	32 187	5 976 241	
四	39 146 075	6 890 123	17 269	9 845	302 874	
五	430 297	75 048	8 023	1 978 256	17 526 498	
六	52 839	195 634	68 245 730	5 061 479	8 126	
七	6 805 127	2 703	350 648	92 604 513	79 413	
八	2 071 683	85 679 231	1 279	420 879	37 069	
九	6 581	40 763	9 874 361	7 184	−291 743	

（续表）

	一	二	三	四	五	合计
十	591 436	2 908 541	20 196	58 072 349	64 307 895	
十一	75 103 469	527 683	5 167 428	90 524	4 082	
十二	89 524	1 789 042	790 346	1 036	53 840 167	
十三	17 042 839	5 164	15 038	539 761	4 052 879	
十四	4 023	908 673	95 023 487	−6 578 120	49 651	
十五	78 695	49 263 051	1 509	861 073	2 834 716	
十六	8 207 439	38 697	28 509 743	4 568	106 259	
十七	75 694	4 512	9 476 581	930 281	93 027 158	
十八	124 785	53 091 728	3 106	46 123	−7 205 316	
十九	30 568 129	80 472	420 871	8 653 497	1 843	
二十	3 201	3 049 516	29 356	10 748 263	605 879	
合计						

表 3.21 账表算(十九)

	一	二	三	四	五	合计
一	5 982	16 053 847	6 401 783	45 729	940 261	
二	63 724 018	348 025	86 591	6 051 397	5 149	
三	7 296 345	5 906	84 039 175	248 173	−26 073	
四	60 853	5 870 491	197 263	7 841	85 492 601	
五	783 591	94 528	4 602	92 648 713	3 104 567	
六	8 137	29 640 175	5 942 863	80 264	721 953	
七	95 136 278	396 081	60 274	−9 506 423	5 807	
八	6 904 287	7 153	3 106	240 356	28 149	
九	12 094	2 416 837	286 043	8 295	18 075 396	
十	359 481	50 276	65 178 209	78 249 153	−2 508 764	
十一	5 673	91 238 467	9 850 142	12 083	697 543	
十二	49 021 687	805 241	96 275	3 750 694	1 736	
十三	8 490 536	672	13 507 982	107 538	36 294	
十四	31 072	9 437 025	639 408	8 453	67 190 832	
十五	265 396	64 279	1 087	81 063 947	4 521 083	
十六	1 402	70 593 861	8 371 295	90 576	378 269	
十七	48 127 695	206 539	84 179	5 213 069	7 403	
十八	7 043 129	3 286	46 570 231	−148 697	54 896	
十九	60 574	1 790 438	245 073	2 019	65 103 928	
二十	956 048	37 219	3 495	82 310 567	2 540 781	
合计						

表 3.22 账表算(二十)

	一	二	三	四	五	合计
一	3 816 495	2 781	51 093 678	305 496	85 293	
二	41 058	7 206 193	341 587	−8 059	65 708 942	
三	250 739	90 451	8 246	75 190 426	2 815 637	
四	5 064	37 168 524	7 109 854	41 098	961 783	
五	90 238 176	805 173	21 639	5 684 127	2 017	
六	6 481 023	2 739	43 097 581	358 674	−41 632	
七	39 172	9 240 658	684 103	1 709	91 560 378	
八	950 317	89 732	9 834	84 309 265	4 017 869	
九	7 598	70 845 069	3 016 752	25 801	471 596	
十	48 061 295	104 623	40 691	−1 069 572	8 935	
十一	7 208 416	9 463	83 429 567	603 729	81 254	
十二	26 543	6 578 412	708 415	5 273	40 198 532	
十三	135 478	91 846	1 209	63 401 825	3 705 124	
十四	4 936	53 708 194	7 052 341	69 278	980 543	
十五	84 072 361	641 287	30 719	3 571 482	2 869	
十六	5 463 198	4 058	96 845 723	204 361	65 017	
十七	72 689	1 503 296	394 267	1 873	79 082 543	
十八	109 762	29 453	1 756	93 047 265	−4 709 326	
十九	4 170	68 203 975	7 508 269	24 916	240 863	
二十	79 065 824	654 017	16 053	9 843 751	5 146	
合计						

表 3.23 账表算(二十一)

	一	二	三	四	五	合计
一	8 237 196	65 782	38 147 692	4 593	916 520	
二	58 647	94 012 538	4 089	185 930	7 603 291	
三	3 192	567 294	84 273 196	5 047 169	48 053	
四	62 180 379	8 035	40 279	−861 520	3 109 874	
五	71 843	7 031 698	265 983	2 075	54 230 671	
六	46 802 395	674 152	3 741 056	91 648	9 734	
七	254 083	1 903 874	19 805	7 206	68 394 570	
八	7 504	29 536	8 053 267	86 429 137	136 028	
九	1 690 275	81 460 257	6 018	934 571	−95 862	

（续表）

	一	二	三	四	五	合计
十	9 706 451	7 916	274 395	26 541 830	38 026	
十一	64 278	804 325	19 346 527	−7 308 941	6 147	
十二	293 681	63 942	2 719	3 640 578	30 281 576	
十三	85 029 346	1 509 278	68 051	8 347	952 317	
十四	406 298	3 759	43 180 529	62 708	1 035 468	
十五	5 730 986	65 708 431	720 643	18 297	5 924	
十六	1 573	801 264	6 954 387	59 680 423	40 179	
十七	9 021	4 592 083	85 412	90 763 281	−798 645	
十八	27 890 453	16 398	317 096	6 432 175	7 023	
十九	376 014	29 071 684	9 502	95 023	6 854 971	
二十	54 863	3 041	8 406 375	219 578	24 109 856	
合计						

表 3.24　账表算(二十二)

	一	二	三	四	五	合计
一	1 654	73 268 491	5 902 168	83 015	276 543	
二	946 538	10 674	1 083	38 174 529	3 068 421	
三	38 041	5 168 347	610 324	−9 435	69 301 785	
四	50 198	1 305 294	936 485	7 629	70 283 491	
五	8 069 274	1 275	83 107 296	320 465	95 128	
六	75 682 139	790 638	26 741	9 054 236	4 805	
七	5 683	95 267 015	8 542 396	48 062	519 782	
八	918 725	42 986	59 260 847	85 723 491	−4 130 675	
九	70 483	5 170 498	952 763	1 834	68 501 294	
十	5 249 367	5 206	1 204	917 285	75 602	
十一	70 623 548	450 389	69 851	4 103 698	4 153	
十二	8 916	81 534 067	1 708 635	62 479	−190 326	
十三	120 987	19 634	3 147	65 081 723	7 501 492	
十四	36 074	3 820 197	409 523	6 417	91 830 256	
十五	9 501 247	7 328	80 724 356	360 594	43 869	
十六	37 246 195	602 953	19 745	1 803 927	7 904	
十七	1 203	36 091 582	4 291 537	68 071	348 267	
十八	275 649	47 295	7 802	53 021 798	9 021 538	
十九	5 702 398	1 362	68 530 791	140 675	36 729	
二十	18 096 425	820 745	91 067	−3 095 827	6 437	
合计						

表 3.25　账表算(二十三)

	一	二	三	四	五	合计
一	35 270 846	62 085	49 230 178	513 078	9 728 531	
二	942 780	5 470 218	92 836	96 405	1 408	
三	7 091 532	35 296 147	4 078 165	9 276	653 930	
四	5 678	650 281	5 983	43 051 789	70 246	
五	30 687 194	37 049	12 736 490	−815 346	3 517 468	
六	941 825	7 198 502	591 274	70 263	9 273	
七	32 046	9 346	50 682 741	9 124 850	50 628 147	
八	60 853 279	25 871	1 087	670 293	−3 276 409	
九	420 753	3 196 084	35 798 246	86 041	9 180	
十	49 831	7 246	864 107	7 153 864	65 728 041	
十一	1 925 076	71 283 094	23 596	2 139	296 173	
十二	134	647 903	9 054 231	62 590 847	34 568	
十三	701 983	3 068 279	147 239	85 214	−7 893	
十四	63 271	9 136	65 930	4 213 678	91 650 248	
十五	5 197 480	19 623 840	7 580 693	5 039	795 162	
十六	4 956	465 178	2 184	62 051 947	83 047	
十七	96 241 805	57 204	465 231	−739 085	5 204 136	
十八	52 139	9 135	81 406	8 326 490	30 861 547	
十九	7 961 423	75 019 643	7 608 935	1 285	736 029	
二十	9 815	742 398	2 047	19 603 724	52 947	
合计						

表 3.26　账表算(二十四)

	一	二	三	四	五	合计
一	8 015	938 247	1 635 809	40 269 173	29 456	
二	35 062 748	15 308	9 427	617 835	1 295 678	
三	209 847	5 678 240	91 702 384	70 954	8 140	
四	7 153 209	91 375 624	68 730	6 279	−375 901	
五	5 186	125 068	5 601 248	84 315 790	67 240	
六	87 031 649	34 790	3 915	580 134	5 146 098	
七	912 485	8 015 279	75 290 463	67 423	2 873	
八	60 234	9 643	782 594	2 608 941	96 801 542	
九	35 786 920	21 875	1 087	−790 263	1 920 674	

（续表）

	一	二	三	四	五	合计
十	534 207	8 956 031	25 498 376	61 048	3 098	
十一	86 493	7 462	146 708	4 375 186	32 478 156	
十二	2 058 169	71 893 240	53 629	2 931	260 931	
十三	8 941	367 409	2 905 143	62 708 549	76 845	
十四	392 078	5 396 278	21 780 564	−84 125	9 738	
十五	69 237	1 906	934 271	7 246 318	93 214 870	
十六	4 936 578	60 294 531	61 093	7 036	125 367	
十七	1 945	715 384	8 196 537	92 175 640	93 840	
十八	50 297 164	29 470	4 082	538 908	−5 360 124	
十九	36 591	6 319	312 645	8 203 496	73 856 401	
二十	2 913 746	51 673 490	56 804	2 518	239 760	
合计						

表 3.27　账表算(二十五)

	一	二	三	四	五	合计
一	93 278	5 279	15 692	8 234 079	71 268 405	
二	5 173 406	72 890 456	3 641 259	1 956	351 278	
三	1 295	102 743	8 470	26 785 103	94 306	
四	25 708 164	31 068	102 987	−396 451	8 160 297	
五	80 571	7 591	47 206	9 428 065	96 427 103	
六	8 253 709	17 536 209	6 234 591	4 178	293 568	
七	5 147	803 495	8 306	75 269 803	−15 803	
八	93 186 402	18 246	54 697 830	791 364	5 384 179	
九	805 634	3 601 874	58 294	25 016	7 064	
十	6 381 795	91 285 703	6 403 127	8 532	129 576	
十一	2 431	126 478	5 941	90 156 473	36 208	
十二	49 632 507	90 536	78 293 605	471 209	9 713 420	
十三	750 481	5 743 168	175 083	36 982	8 953	
十四	89 026	2 905	64 427 809	−5 780 641	61 240 378	
十五	62 491 538	18 743	3 674	236 985	9 823 560	
十六	809 631	9 257 164	91 458 203	46 702	7 456	
十七	50 497	8 032	240 367	7 234 190	21 384 607	
十八	1 385 276	39 740 685	83 152	5 978	−528 973	
十九	7 094	239 056	5 610 879	82 451 306	94 021	
二十	376 549	6 453 298	378 095	10 478	5 934	
合计						

表 3.28　账表算(二十六)

	一	二	三	四	五	合计
一	349 865	1 254 893	67 341 208	24 870	5 943	
二	58 293	2 657	950 873	3 801 497	85 790 634	
三	2 905 134	62 785 109	27 569	2 693	187 932	
四	7 501	307 491	4 275 193	85 137 256	−95 046	
五	16 835 497	85 603	6 048	951 064	1 269 078	
六	20 715	7 295	987 102	4 268 905	36 492 607	
七	5 879 023	17 293 506	21 460	7 184	289 563	
八	1 764	459 830	7 946 512	96 528 307	12 085	
九	91 628 340	14 679	3 085	−372 491	8 571 432	
十	560 834	3 241 086	85 760 493	65 103	7 046	
十一	1 975 683	51 793 208	24 369	8 325	193 567	
十二	7 142	871 462	1 642 708	40 971 563	28 036	
十三	43 690 257	90 653	5 971	490 617	7 012 465	
十四	785 104	6 473 581	31 598 206	−29 083	8 934	
十五	26 098	2 905	843 051	8 462 507	25 460 187	
十六	19 432 685	81 437	4 763	568 239	8 526 073	
十七	910 368	6 472 591	81 450 932	62 407	5 946	
十八	45 209	8 320	273 046	1 930 274	84 390 271	
十九	8 146 752	43 075 698	91 528	8 597	−682 957	
二十	7 405	293 056	5 168 709	28 463 105	32 104	
合计						

表 3.29　账表算(二十七)

	一	二	三	四	五	合计
一	47 029 386	50 283	124 039	715 638	9 082 341	
二	30 179	9 371	69 824	6 401 872	81 946 523	
三	5 407 921	87 591 243	5 481 376	3 906	−415 708	
四	6 973	250 167	2 850	97 184 052	37 250	
五	15 830 624	38 046	67 018 295	931 568	6 705 391	
六	276 058	5 269 803	70 461	47 823	6 289	
七	7 085 391	31 074 925	5 286 394	5 047	194 738	
八	5 463	348 069	7 163	21 378 956	58 240	
九	81 564 729	15 278	90 451 827	−639 124	9 153 264	

（续表）

	一	二	三	四	五	合计
十	927 063	5 976 083	379 250	58 410	7 051	
十一	40 281	4 127	83 694 025	7 902 863	83 406 529	
十二	48 136 507	30 956	6 984	485 107	－1 054 782	
十三	801 532	9 471 368	51 370 248	64 298	7 698	
十四	72 169	4 025	642 598	9 456 132	43 605 829	
十五	3 507 498	15 609 782	10 374	1 079	470 195	
十六	9 162	452 178	7 520 913	40 367 528	14 326	
十七	185 976	8 164 750	295 071	－29 630	6 175	
十八	49 501	7 194	41 384	1 045 692	79 834 620	
十九	7 935 286	97 104 862	1 368 475	7 831	375 094	
二十	2 743	243 956	2 096	84 039 527	61 825	
合计						

表 3.30　账表算(二十八)

	一	二	三	四	五	合计
一	7 293	521 369	3 179 564	80 359 476	21 768	
二	38 075 269	70 825	8 206	－713 289	8 413 029	
三	41 397	4 197	901 423	6 480 127	53 146 298	
四	9 074 251	93 145 872	34 268	9 730	410 785	
五	6 398	671 205	9 413 786	18 047 529	34 270	
六	13 840 526	36 198	5 207	495 136	－9 073 654	
七	708 253	5 462 803	70 591 268	87 523	8 296	
八	5 078 961	67 915 024	46 815	4 075	531 789	
九	4 639	390 648	3 809 264	21 693 758	45 208	
十	65 891 724	21 875	7 193	162 839	9 234 687	
十一	970 263	3 896 750	53 104 287	41 520	－5 160	
十二	84 120	7 124	560 329	6 084 297	47 680 293	
十三	13 540 786	40 956	5 876	708 154	8 074 952	
十四	213 805	9 863 471	30 276 145	49 268	7 168	
十五	64 271	5 230	429 568	3 152 496	10 256 439	
十六	8 370 496	51 793 028	14 703	7 109	408 197	
十七	6 729	145 287	7 830 129	80 564 723	53 264	
十八	170 568	6 470 351	90 563 284	－26 039	7 165	
十九	40 715	8 974	712 590	6 052 491	17 092 658	
二十	9 214 563	48 071 239	49 178	5 184	309 145	
合计						

表 3.31 账表算(二十九)

	一	二	三	四	五	合计
一	4 826 517	68 390 751	5 274 036	7 206	269 834	
二	1 263	123 845	9 185	37 928 461	40 517	
三	36 895 172	42 917	312 890	−604 527	9 172 803	
四	28 096	6 280	85 731	9 053 176	70 538 241	
五	4 963 801	82 470 163	4 573 602	2 985	403 679	
六	5 286	914 056	9 174	68 730 419	26 914	
七	90 274 531	29 375	65 708 941	208 475	−5 940 286	
八	169 745	1 742 598	60 395	36 217	8 175	
九	4 720 896	20 369 481	4 715 238	6 943	238 640	
十	5 432	723 598	6 502	10 762 854	74 391	
十一	70 346 185	60 417	89 403 671	285 130	7 028 135	
十二	681 529	5 486 279	268 194	47 309	4 069	
十三	90 173	3 016	27 583 491	8 961 752	27 538 491	
十四	37 025 469	29 548	5 478	347 690	9 043 167	
十五	190 724	8 630 275	40 269 513	73 185	−5 876	
十六	65 108	3 149	531 487	4 358 021	32 491 785	
十七	2 946 387	40 895 671	90 362	6 908	963 840	
十八	8 051	413 067	6 712 809	93 265 471	30 251	
十九	470 568	7 530 946	481 960	−51 892	5 046	
二十	38 940	8 063	30 726	8 190 345	68 723 951	
合计						

表 3.32 账表算(三十)

	一	二	三	四	五	合计
一	63 490	3 768	106 498	5 914 830	30 981 745	
二	1 306 254	73 869 021	38 760	7 403	−298 460	
三	8 126	418 502	5 246 308	69 248 736	60 571	
四	72 946 851	69 741	9 175	620 571	7 203 819	
五	30 268	3 086	810 293	5 973 610	42 530 178	
六	9 681 430	28 430 671	32 157	9 285	394 607	
七	8 275	564 019	2 830 675	70 361 849	29 163	
八	20 973 451	20 785	4 961	−840 253	9 836 345	
九	641 579	5 324 197	69 478 015	71 462	7 518	

（续表）

	一	二	三	四	五	合计
十	9 467 820	62 408 391	35 704	9 346	420 687	
十一	3 285	295 738	5 273 891	10 285 764	−34 971	
十二	54 708 631	10 764	2 068	107 285	8 123 567	
十三	869 125	7 285 946	42 096 371	30 941	9 045	
十四	71 309	3 061	459 216	9 573 168	63 712 859	
十五	20 534 967	92 845	5 478	697 430	9 376 184	
十六	102 496	5 278 630	29 164 530	−35 187	7 056	
十七	70 531	4 193	318 475	4 012 361	90 145 238	
十八	7 295 368	46 850 791	20 963	9 086	793 680	
十九	8 156	304 617	6 279 018	93 475 612	34 512	
二十	609 475	5 963 204	84 529 173	18 592	5 064	
合计						

表 3.33　账表算(三十一)

	一	二	三	四	五	合计
一	2 108 643	73 406 285	9 185 672	3 780	472 016	
二	7 986	173 962	4 069	45 106 298	18 753	
三	41 780 259	41 580	38 472 501	962 475	8 462 597	
四	502 396	2 980 163	620 385	−81 347	4 308	
五	41 573	7 054	16 792 853	2 053 169	61 739 285	
六	17 946 038	36 982	1 298	781 043	−4 873 051	
七	534 861	4 702 195	46 809 753	92 751	1 209	
八	90 245	7 583	579 281	7 894 562	67 839 251	
九	8 037 621	84 239 150	34 607	2 340	307 482	
十	2 954	814 705	1 056 243	37 690 851	46 597	
十一	128 940	4 179 083	285 430	23 596	−9 804	
十二	74 832	2 740	41 607	4 598 723	20 167 395	
十三	8 590 261	20 437 195	9 684 170	1 046	806 723	
十四	5 076	756 289	5 329	71 236 985	49 851	
十五	90 567 231	61 385	653 247	−408 169	6 513 724	
十六	46 023	4 206	21 759	7 405 630	41 279 685	
十七	7 380 245	62 108 754	8 197 460	1 923	847 130	
十八	6 920	340 895	3 185	20 748 351	60 385	
十九	48 137 569	63 719	90 431 528	264 819	9 038 624	
二十	301 895	1 658 923	70 349	70 561	5 192	
合计						

表 3.34　账表算(三十二)

	一	二	三	四	五	合计
一	510 398	3 796 158	80 312 459	61 580	1 295	
二	8 103 462	60 842 735	71 894	7 038	846 012	
三	6 279	236 971	1 697 352	54 926 801	−78 135	
四	91 842 507	45 108	6 240	495 162	5 109 267	
五	306 952	9 126 083	68 430 175	73 854	3 849	
六	17 345	7 540	398 605	9 130 275	70 391 256	
七	64 798 103	36 298	8 129	−304 781	1 703 825	
八	546 831	1 290 476	36 590 478	71 952	4 190	
九	95 740	8 537	275 891	5 468 297	43 592 867	
十	3 207 619	89 420 153	46 730	4 032	−713 402	
十一	2 590	784 051	3 012 546	73 981 560	85 697	
十二	430 189	7 903 648	78 293 516	95 236	4 980	
十三	40 873	1 207	405 238	8 324 579	30 251 198	
十四	7 054 698	17 302 654	72 104	7 148	632 487	
十五	2 056	825 469	9 207 648	30 286 701	40 195	
十六	16 830 592	30 158	3 195	−694 195	6 723 541	
十七	47 620	7 420	246 573	9 713 450	84 976 215	
十八	3 024 785	62 478 051	67 591	2 369	347 108	
十九	2 961	940 538	7 246 109	14 730 852	65 370	
二十	61 734 859	61 429	8 035	278 964	2 306 987	
合计						

表 3.35　账表算(三十三)

	一	二	三	四	五	合计
一	28 739	9 725	19 265	3 278 049	58 046 712	
二	5 310 647	54 026 987	3 625 491	5 916	312 786	
三	1 025	170 324	7 804	72 658 081	90 463	
四	70 125 846	68 031	910 287	−941 563	7 083 926	
五	95 781	7 195	47 025	5 069 428	93 407 162	
六	3 278 509	71 029 653	3 942 618	8 741	285 936	
七	4 571	395 408	3 046	78 036 295	−50 218	
八	83 064 925	61 824	94 035 768	164 973	3 485 791	
九	801 654	7 603 185	84 295	20 561	6 407	
十	3 796 185	21 074 398	1 720 364	8 235	192 576	

（续表）

	一	二	三	四	五	合计
十一	2 431	168 427	5 149	19 603 457	60 283	
十二	67 024 593	93 056	82 590 673	240 719	3 209 741	
十三	780 415	3 681 745	187 035	39 628	9 538	
十四	92 068	5 029	16 304 278	－5 701 864	60 743 182	
十五	29 548 136	71 843	6 734	296 385	5 906 823	
十六	680 391	1 647 295	95 431 028	47 026	7 546	
十七	75 409	3 802	740 362	7 094 231	28 430 671	
十八	3 168 725	98 470 653	81 295	7 958	－852 397	
十九	4 079	259 036	5 078 619	61 834 520	14 029	
二十	673 594	6 835 294	390 785	80 741	9 543	
合计						

表 3.36　账表算(三十四)

	一	二	三	四	五	合计
一	37 829	534 679	83 075 241	6 094 728	2 156	
二	1 609 572	7 084	480 567	30 462 591	43 721	
三	7 816 023	79 158 253	2 796	157 049	67 039	
四	5 186	20 367	3 798 124	－4 871	931 427	
五	371 495	8 195 032	19 076	78 209 345	84 075 369	
六	69 104 523	683 275	2 547 168	10 492	8 490	
七	59 612	7 806 294	160 394	3 056	38 016 547	
八	81 307 294	5 749	83 051	956 173	6 094 785	
九	6 503	430 697	67 095 834	－7 821 056	53 169	
十	98 645	90 263 158	3 019	730 281	4 126 837	
十一	7 284 093	74 682	49 058 763	8 245	－290 512	
十二	29 347	9 154	7 216 548	680 139	80 571 294	
十三	418 275	39 015 278	1 206	43 761	7 056 321	
十四	28 560 491	71 024	750 128	6 537 492	1 843	
十五	3 028	5 640 391	19 536	10 643 278	850 697	
十六	4 856	837 259	8 603 495	83 509 416	62 085	
十七	4 709 168	69 725 481	548 329	60 938	5 301	
十八	850 731	1 704	96 027 431	85 721	－4 918 267	
十九	94 103 675	3 608 291	79 842	9 843	170 824	
二十	349 027	10 543	2 503	1 767 952	38 495 726	
合计						

表 3.37 账表算(三十五)

	一	二	三	四	五	合计
一	81 543 709	260 791	1 682 509	34 968	4 682	
二	28 963	5 483 216	371 480	7 054	75 298 410	
三	12 364 785	9 580	45 792	109 537	−6 132 984	
四	6 478	371 042	94 738 126	9 216 450	85 903	
五	10 293	85 943 607	5 439	420 571	1 506 278	
六	7 283 641	20 173	68 291 374	8 209	430 956	
七	90 138	8 596	9 530 821	−754 632	71 945 263	
八	285 691	91 265 734	7 405	60 875	6 091 475	
九	37 564 289	13 468	168 542	2 907 381	2 587	
十	4 756	8 047 539	70 396	15 824 706	409 132	
十一	2 084	695 371	8 904 123	48 105 379	95 264	
十二	5 206 138	50 263 198	298 751	67 423	−4 079	
十三	371 945	8 241	59 630 847	72 156	8 195 631	
十四	75 018 439	7 520 364	61 053	9 832	726 184	
十五	167 368	98 147	7 246	3 215 609	65 103 829	
十六	92 637	853 790	80 219 467	9 851 340	5 260	
十七	5 210 946	2 146	492 870	40 368 759	37 185	
十八	6 145 270	62 190 375	1 563	−264 183	71 403	
十九	2 095	18 407	3 705 128	8 521	687 531	
二十	703 859	9 543 268	60 543	91 724 538	80 431 729	
合计						

表 3.38 账表算(三十六)

	一	二	三	四	五	合计
一	4 032 168	9 157	50 641 329	794 608	62 835	
二	64 385	6 182 705	704 268	9 236	94 105 723	
三	253 879	64 910	5 047	29 368 175	6 240 891	
四	1 907	30 185 276	2 936 854	75 264	−139 780	
五	68 154 230	498 652	91 630	3 170 849	5 017	
六	7 238 904	8 160	75 239 146	941 725	70 863	
七	47 615	6 943 781	207 839	8 279	51 207 436	
八	906 738	10 368	1 254	75 280 134	8 469 257	
九	5 486	71 493 205	3 162 975	41 093	312 670	

（续表）

	一	二	三	四	五	合计
十	29 803 165	609 743	58 132	－6 973 540	7 184	
十一	7 468 531	7 062	60 418 795	251 834	83 029	
十二	80 419	3 541 728	981 647	3 056	95 270 364	
十三	398 240	75 631	3 789	67 014 592	－8 469 152	
十四	2 963	20 495 178	5 410 872	81 369	348 605	
十五	71 806 254	628 749	32 590	9 013 745	5 983	
十六	8 163 079	4 093	28 493 157	267 531	16 074	
十七	70 294	1 295 834	175 603	5 128	32 695 408	
十八	197 523	32 986	8 460	57 608 231	7 580 194	
十九	5 172	93 608 145	6 023 798	－82 640	671 359	
二十	31 269 507	720 534	81 064	7 096 384	9 241	
合计						

表 3.39　账表算(三十七)

	一	二	三	四	五	合计
一	61 374 905	8 213 609	26 791	9 485	438 072	
二	237 294	45 730	8 203	1 875 269	12 967 458	
三	58 327	164 593	62 074 538	4 517 906	6 182	
四	8 195 206	2 078	346 805	90 246 351	－91 473	
五	2 017 683	28 675 139	1 927	482 709	37 096	
六	1 568	40 367	9 763 481	1 847	243 179	
七	364 195	5 914 208	21 906	75 830 429	64 709 358	
八	67 453 901	287 563	4 782 561	92 504	2 084	
九	48 259	1 094 278	379 406	1 630	31 485 607	
十	80 291 347	6 145	10 583	－367 591	2 798 450	
十一	4 203	379 608	50 943 278	2 785 016	14 569	
十二	67 598	41 905 236	1 095	608 137	6 741 238	
十三	3 498 207	68 793	42 580 379	5 468	－960 251	
十四	45 679	2 154	9 145 687	310 289	73 105 982	
十五	184 725	57 281 309	3 061	62 431	6 210 537	
十六	39 012 568	79 240	274 108	－6 358 749	8 143	
十七	1 032	4 063 591	62 953	17 084 263	650 798	
十八	2 846	125 973	5 046 798	70 649 153	15 082	
十九	6 810 497	61 289 457	485 371	32 098	6 953	
二十	739 501	7 084	21 596 403	81 327	5 164 702	
合计						

表 3.40　账表算(三十八)

	一	二	三	四	五	合计
一	5 298	76 801 534	1 760 843	72 594	604 129	
二	73 264 081	248 053	89 156	6 597 301	9 451	
三	4 972 356	9 506	84 501 739	−213 478	27 603	
四	60 583	8 107 945	937 261	7 184	89 152 640	
五	753 918	58 429	4 026	32 164 879	3 541 067	
六	8 137	95 264 107	6 829 534	80 264	732 159	
七	95 231 678	386 910	40 267	5 236 409	−5 087	
八	4 986 027	7 531	50 276 981	540 263	24 198	
九	20 149	2 478 163	304 268	9 285	50 867 931	
十	198 453	60 257	1 603	82 495 137	8 026 475	
十一	3 765	69 147 832	9 185 204	13 028	759 634	
十二	24 017 698	450 281	59 627	−3 976 405	1 736	
十三	8 439 056	7 462	13 807 295	750 183	36 429	
十四	30 271	5 902 743	368 459	8 435	17 268 390	
十五	563 429	67 429	7 081	13 086 794	5 024 831	
十六	1 042	37 095 168	9 728 135	60 957	798 263	
十七	84 695 127	260 539	81 479	2 539 016	4 037	
十八	3 240 791	8 623	61 072 534	981 704	−96 584	
十九	46 075	7 910 438	457 230	2 916	35 168 029	
二十	950 684	31 279	9 345	82 376 501	2 045 781	
合计						

表 3.41　账表算(三十九)

	一	二	三	四	五	合计
一	385 074	56 481	9 431	3 690 827	28 073 569	
二	69 403	725 046	67 581 943	5 268 109	7 923	
三	9 278 631	9 813	197 654	70 135 624	50 248	
四	3 182 749	96 783 240	2 038	−370 185	84 170	
五	9 267	58 417	7 490 852	5 298	345 208	
六	423 560	6 025 139	32 170	68 491 503	75 018 469	
七	87 564 012	397 846	8 953 627	63 150	5 193	
八	95 630	5 120 983	480 715	4 712	42 691 785	
九	18 790 253	7 256	12 946	478 206	−9 803 156	
十	3 415	408 791	61 405 893	3 981 762	25 067	

(续表)

	一	二	三	四	五	合计
十一	78 906	25 610 347	1 206	972 841	7 283 495	
十二	5 490 381	79 804	53 169 840	6 579	107 362	
十三	65 078	5 263	6 025 789	241 903	84 612 903	
十四	369 825	62 398 041	4 172	75 324	7 326 841	
十五	40 123 679	10 538	385 921	9 087 465	−5 294	
十六	2 143	4 751 602	73 460	82 195 374	197 680	
十七	3 795	236 840	6 157 809	18 270 456	62 193	
十八	9 271 508	72 093 658	956 428	43 190	1 746	
十九	408 612	5 189	27 031 546	−94 823	6 275 308	
二十	64 270 581	9 423 071	70 832	5 609	394 851	
合计						

表 3.42　账表算(四十)

	一	二	三	四	五	合计
一	84 573 129	935 641	70 269	4 607 812	2 506	
二	3 850 467	7 160	95 106 824	398 524	48 713	
三	47 916	8 201 596	248 073	2 985	90 263 175	
四	968 240	90 635	5 137	37 245 098	−1 652 874	
五	2 984	60 375 218	3 790 456	91 375	348 260	
六	30 427 698	490 172	15 783	6 437 150	8 196	
七	7 509 183	4 268	67 381 290	−156 374	35 209	
八	31 520	5 983 724	479 531	9 630	61 978 042	
九	209 645	71 368	1 724	90 563 824	9 137 568	
十	4 786	70 528 943	2 096 351	42 931	608 745	
十一	53 128 079	156 329	70 836	7 084 516	4 287	
十二	9 450 167	7 583	42 609 381	−168 492	57 034	
十三	41 283	3 016 845	490 567	6 549	28 370 149	
十四	605 437	75 038	8 129	42 195 780	6 153 924	
十五	3 125	18 409 276	9 360 248	17 068	809 743	
十六	69 075 238	376 401	25 089	6 403 721	4 158	
十七	4 351 802	9 734	37 186 542	290 185	−50 769	
十八	75 168	8 021 549	654 183	3 027	62 479 310	
十九	650 791	48 032	5 460	93 478 612	3 156 829	
二十	6 930	79 612 845	7 182 945	53 068	301 756	
合计						

第四章　小键盘在财会传票算中的应用技法

【实践导入】

前不久，小张通过自己勤奋的练习攻克了用小键盘进行账表算的技术。然而，在实际工作中，他还遇到了要对各种大量的票据进行累加的繁重任务，同时，这也占据了他大量的时间，无论是整理、翻阅、累加等任何一个环节出现问题，都会使完成这项任务的效率大打折扣。小张利用自己的休息时间了解到，他的这项工作，就是财务工作中所说的“传票算”。于是，小张凭借自己不服输的那股劲开始了传票算的练习。

第一节　认识传票算

传票是指用以传递记账用的凭证，它是记账凭证的简称。传票算也叫凭证算。在企业会计和银行会计工作中，当天的全部账务都要轧平。每日营业终了结账时，对已经过审批处理完毕的会计凭证，经过一定的会计核算手续后，要按会计科目分类别加计借方和贷方发生额总数和余额数。在财经实务工作中，对凭证的计算处理是第一道工序，“传票算”就是由此总结概括出来的。因此，企业会计人员、银行会计人员每天必须要翻打很多凭证进行核算，所以说，掌握传票算对企业财务工作者和金融工作者尤为重要。

传票有各种式样，我们借用中国珠算协会规定的全国珠算比赛使用的传票来进行训练，下面以该种传票为例来进行简要介绍(如图 4.1)。

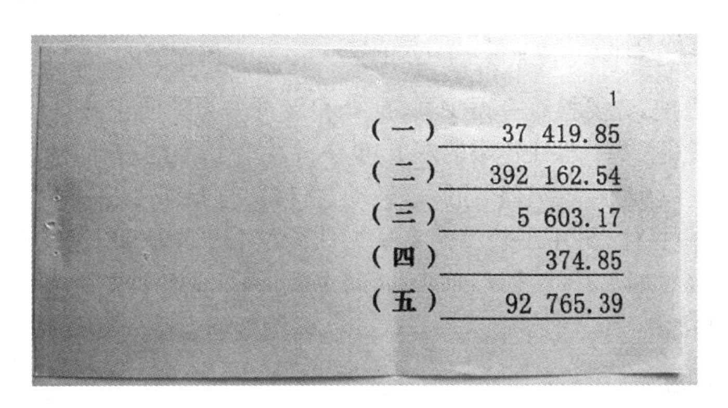

图 4.1　全国珠算比赛用传票

全国珠算比赛统一了“传票算”的规格、式样和题型。通常是订本式，其规格如下：

(1) 长 19 厘米、宽 9 厘米的 60 克书写纸，用 4 号手写体铅字印制。每面各行数字下加横线，其中第二行和第四行为粗线。

(2) 传票左上角装订成册，每本共 100 页，共有 10 本，按照 A～J 进行命名。

(3) 每页 5 行，从 1 ～100 页均为 550 个数字，每笔最高为 7 位数，最低为 4 位数，均为金额单位。

(4) 每连续 20 页为 1 题，计 110 个数字，0 ～9 各字码均衡出现。命题时任意选定起止页数。例如，第一题从第 7 页至第 26 页(一)行，第二题从 49 页至 68 页(三)行等。

(5) 在每个数字前，由上至下依次印有题号(一)(二)(三)(四)(五)……(一)表示第一行数字，(二)表示第二行数字……(五)表示第五行数字。

(6) 页码印在右上角，一般用阿拉伯数字标明，每页的尺寸一样，并在左上角留有空白处，计算时可用夹子夹起计算。

(7) 比赛时采用限时不限量的比赛办法，每场规定 15 分钟，每题规定打 20 页某一行数字的合计，共计 110 个数字，每计算正确 1 题得 15 分。

第二节　传票算的准备

左手翻传票与右手小键盘操作结合起来就可以叫作翻打传票，要求左右手配合协调，各环节衔接紧凑，以提高计算速度。

一、执笔的方法和键入的姿势

在录入或者写下结果时，都要用到笔。为了提高运算速度，要养成执笔的好习惯。如果是算盘操作，我们一般可以拿着笔的同时进行拨打，但是在小键盘操作中右手的每个手指都有相应的分工，无法一边执笔一边键入。所以，只能把笔放在适合随时取放的位置，以尽量节省取放的时间。

在键入时，要注意姿势。头要正，腰要直，上体略微前倾，前胸距桌子或台面边一拳，肘部摆动不宜过大。否则会影响计算速度和效果。

二、将传票捻成扇面

在进行传票运算前，先要检查有无少页、重页和破页。为了便于翻页运算，首先把传票捻成扇面形状。其方法是：左手拿住传票的左上角，右手拿住传票的右部，两手大拇指在封面上，其他四指在下，以左手为轴，右手轻轻向胸前转动，将传票打开即可，不宜过大或过小。捻好后用夹子将传票左上角夹住，再用一较小的夹子夹住传票右下角底页，这样便于接近 100 的页码。由于在比赛或考核时将传票捻成扇面的时间很短，所以平时要多加练习，一般要求右手向胸前转动两三次即成。

三、找页的方法

传票算不是按照传票的自然页数往下运算，而是每一题都有起止页数，每算一题都需要找页。因此，找页也是一个很重要的环节。找页要求翻动传票两三次就能找到。为节省时间，每当算完一题，在右手抄写得数的同时，左手就要借助眼睛的余光迅速找页。当然，一边集中注意力抄写得数，一边找页是很困难的，起码要做到快速确定下一题顺向还是逆向找页，左手就要做顺翻或逆翻的动作。找页动作的快慢，直接影响传票算的速度，练习要按一定的方法进行。其练习方法是：凭借手感判断，100 页传票有多厚、90 页传票有多厚……在上述找页的基础上，再熟练找传票题的起始页。练习时，可以任意念一个页码，凭手感翻到其整数页，然后再调整页数找到其起始页。例如，念 67 页，凭手感找 70 页（或 60 页）的厚度，再略少翻几页，迅速用左手向前（或后）稍调整一下页码，就可翻到 67 页。一般只要翻三次传票就应该找到默念的页码。

四、翻页的方法

传票翻页是靠左手完成的。首先用左手的小指、无名指、中指弯曲放在传票封面（或开始页）的中部或中部稍左，然后用左手拇指突出部位翻页，当拇指翻起每一页传票后，食指很快放进刚翻起的一页传票下面，将这页传票卡住。左手翻页和右手敲击小键盘要同时进行，每翻动一页，均迅速将数字通过小键盘键入，票页不宜掀得过高，角度越小越好，以能看清数据为宜。翻页是打传票快慢的关键。打传票的人可以结合自己的实际情况总结出切实可行的方法，不必墨守成规，应不断创新，不断总结，以便将来更好地从事财会工作和金融工作。

五、记页的方法

传票算是在 100 页内随机出题的，为了避免多打或打错页，最好的方法是打一页记一页，默记到 20 页，再核对该题的，起止页码，如正确无误，写上答案。记页在边翻页边运算中较难记住，所以平时要加强训练。在训练中，运算的数据不要默念，只要凭数字的字形反应直接手指键入，心里只需默记页数，如此反复练习，就会习惯记页。

在练习传票算时，往往出现打打停停的情况，翻页、看数、键入不能同时进行，这是传票算基本功没过关的具体表现。若按上述练习法，坚持不懈地多练，能把每个动作互相配合好，使之协调一致，传票算的水平自然就会提高。

第三节　传票算的运算步骤和方法

在对传票进行处理之前，像账表算一样，我们要在计算机中打开 Excel 或者计算器软件，做好录入准备。在计算机已经待命的状态下，我们要进行传票的处理。

一、整理传票

为了便于正确翻页，需将传票本整理成扇面。正面是左手拇指摸传票本的封面左上角，其余四指摸封底左下角；右手拇指摸封面右下角，其余四指摸封底右下角；两手同时按反时针方向捻动，使页页均匀散开；将传票本左上角（订钉处）向封面翻折，最后用铁夹夹住。

二、找页

传票题指出从某页始到某页止，表中的“序号”表示第几道题，“起止页数”表示传票从第几页开始算到第几页为止，“行数”表示该题每页均打第几行数字，“答案”表示该题的计算结果。如表中第4题9～28(三)，这就是说从第9页开始计算到第28页为止，每页上都取第三行数，累加到一起，计算结果写在题后的答案处。要想做得快而准，必须迅速找到第9页。这就要在练习中，细心体会手感：如10页、20页……90页、100页有多厚，以便翻动最少次数找到题目的起始页。传票算题型如表4.1所示。

表4.1 传票算题型

序　号	起止页数	行　次	答　案
1	3～22	(二)	
2	12～31	(四)	
3	44～63	(二)	
4	9～28	(三)	
5	77～96	(一)	

三、翻页

传票本可放在键盘左边或下方。翻页用左手小指、无名指压住传票本左下角以稳定传票本，拇指、食指、中指(中指有时也用来稳定传票本)用以翻页。要求在录入的同时翻页，不能多翻、少翻，更不能漏翻。首先将捻成扇面的传票翻到要计算的开始页，然后左手翻页右手录入，直到计算完毕。

1. 一次翻1页算法

一次翻1页算法，即左手小指、无名指、中指三指用以稳定传票本，当起始页之某行数目用小键盘键入后，拇指掀起1页传票，食指随即将其隔开，夹于食指、中指之间；右手将第二页某行数目键入计算机后，左手拇指掀起1页食指即将其隔开，夹于食指、中指之间……直到该题最后一页，看清数目键入计算机的同时，左手即翻到新题的起始页。总之，尽量配合默契，充分利用时间。只有充分的练习才能做到“眼看准，手翻稳，计算迅速”。此外，如果在翻打过程中能配合用一些脑算，那将大大提高运算速度。一次翻1页的打法是一次翻起1页后，把需要计算的数字键入计算机，然后再翻起1页，继续键入，直到计算完为止。这种翻打方法需依次键入，要求大拇指翻传票速度快，是最基本的传票算方法。

2. 一次翻2页算法

一次翻2页算法，即用左手小指、无名指两指稳定传票本，中指和无名指在传票封面中部或中部偏左夹住已计算过的页；食指、中指夹双页的首页，当拇指翻起1页后，食指便迅速抵在掀过页背面，拇指、食指掀夹双页的次页，脑中将该双页指定行的数目加在一起，并键入计算机后大拇指又迅速翻起1页，使2页有一定间隙(两页掀起的高度与间隙以能同时看到2页的同行数字为宜)，心算2页同一行数字之和，将其和一次键入计算机上，当和数的最后一个数字键入时，拇指迅速将这2页翻过，食指挡住，以同样的方法继续翻下2页进行计算直至算完为止。这里因为结合了心算，减少了键入次数，从而可以加快速度。一次翻2页方法的练习要点是：

(1) 每天用“一目多行”的方法心算加法题。

(2) 熟练心算相邻2页中第5行数字之和，用一目2页法，依次将第1至第100页的第5

行数字键入并相加。

(3) 能熟练算出第 5 行数后,再用同样方法练习打第 4、第 3、第 2、第 1 行数。

(4) 可用一目 2 页方法打传票上任一和数后,就能按比赛题及比赛规则打传票了。

初学"一翻多页"虽然难度较大,但只要天天坚持不懈地苦练加巧练,一定会有较大的突破,从而提高传票算的计算速度。

3. 一次翻 3 页算法

所谓一次翻 3 页算法,是将传票的 3 页有关数字心算相加一次键入,其翻页方法如上:无名指和小指放在传票的封面上,中指放在算题的起页上,然后拇指翻起 1 页用食指夹住,拇指再翻起 1 页,使眼睛能迅速清楚 3 页里有关的数字,然后心算出 3 页对应之和直接键入。当和数的最后两位数字即将键入时,拇指就应该迅速将前 3 页翻过,中指夹住,拇指翻起 1 页,食指夹住,拇指再翻过 1 页,如此方法一次翻 3 页传票运算下去。由于 3 页一次运算难度加大,故可先将算题的第 1～第 2 页有关行数迅速心算,再与第 3 页对应行数字相加,一次键入。

4. 一次翻 20 页算法

所谓一次翻 20 页算法,是指心算 20 页的有关算题数字一次键入。这就要求练习者掌握全面的脑算基础。翻页的方法有两种:①按传统的一次翻 1 页法,左手迅速翻页,大脑心算。②用两手翻页,像点钞票一样,按分节进行脑算。

一次翻 20 页算法的速度很快,但它要求具有很好的脑算基础,门槛较高,建议选择适合自己的方法进行翻打。

四、用小键盘进行传票算

在一些基本功能熟练掌握以后,我们就可以进行录入了。用小键盘进行传票算与用小键盘进行账表算的方法类似,也是可以用计算机 Excel 软件和计算器来进行运算。

打开 Excel 软件以后,我们按照题目要求,进行相应数字的录入。以表 4.1 中的第二题为例,我们找到第 12～31 页每页第四行数字,每录入一个数字,按一下回车键,直至录完 20 个数字。然后在第 21 个单元格的位置,用公式计算出累加值,并填入答题纸中即可。同样的,我们也可以用计算器软件或者第三方设备翰林提等配合小键盘来进行传票算。

实训训练

1. 什么是传票算?
2. 传票算的准备工作有哪些?
3. 传票算的步骤是什么?
4. 本章后附了《全国技术比赛百张传票算题》五排单侧版 5 套传票,每套传票 81 组题目,每组 5 道小题,请同学们勤加训练。

第一套传票：

全国技术比赛

百张传票算题

（五排A）

全国统一标准技术比赛（传票）

1	
（一）	542.12
（二）	226 274.68
（三）	6 728.64
（四）	1 279 206.35
（五）	54 279.24

全国统一标准技术比赛（传票）

2	
（一）	679 246.31
（二）	6 789.25
（三）	697.41
（四）	697 279.42
（五）	69.41

全国统一标准技术比赛（传票）

3	
（一）	648.29
（二）	6 407.26
（三）	69 247.35
（四）	468 279.34
（五）	2 176 349.83

全国统一标准技术比赛

（传票）

4

（一）	52 276.34
（二）	9 276.31
（三）	532.46
（四）	579.31
（五）	346 279.82

全国统一标准技术比赛

（传票）

5

（一）	55.64
（二）	69 276.31
（三）	5 279.54
（四）	65 209.35
（五）	549 271.62

全国统一标准技术比赛

（传票）

6

（一）	5 479 216.34
（二）	648.26
（三）	4 279.64
（四）	3 279.24
（五）	369 279.34

全国统一标准技术比赛

（传票）

7

（一）	579.23
（二）	64.28
（三）	64 278.29
（四）	407.24
（五）	349 274.56

全国统一标准技术比赛

（传票）

8

（一）	8 346.21
（二）	9 146 276.34
（三）	65 513.64
（四）	697 249.12
（五）	6 249.28

全国统一标准技术比赛

（传票）

9

（一）	978.24
（二）	25 249.37
（三）	46.26
（四）	306.42
（五）	957 246.28

10

全国统一标准技术比赛

（传票）

（一）	74 249. 16
（二）	9 248. 32
（三）	2 249 716. 34
（四）	23. 14
（五）	34 279. 63

11

全国统一标准技术比赛

（传票）

（一）	487. 34
（二）	957 246. 28
（三）	5 609. 34
（四）	2 034 279. 36
（五）	497. 82

12

全国统一标准技术比赛

（传票）

（一）	648 276. 43
（二）	3 297. 35
（三）	69 249. 53
（四）	36 279. 84
（五）	89. 26

13

全国统一标准技术比赛

（传票）

（一）	6 758. 24
（二）	569. 79
（三）	126 209. 31
（四）	958 273. 61
（五）	5 279 658. 36

14

全国统一标准技术比赛

（传票）

（一）	734. 26
（二）	52 246. 38
（三）	4 269. 73
（四）	468. 62
（五）	2 279. 34

15

全国统一标准技术比赛

（传票）

（一）	41. 26
（二）	69 240. 52
（三）	887 246. 52
（四）	579 246. 21
（五）	347. 82

全国统一标准技术比赛

(传票)

16

(一)	2 247 937.24
(二)	24 279.32
(三)	1 146.29
(四)	549 279.25
(五)	379.21

全国统一标准技术比赛

(传票)

17

(一)	56 346.97
(二)	46.37
(三)	2 409.82
(四)	261.35
(五)	6 246.81

全国统一标准技术比赛

(传票)

18

(一)	695 241.32
(二)	2 489 246.27
(三)	4 216.64
(四)	5 279.46
(五)	58 249.52

全国统一标准技术比赛

(传票)

19

(一)	249 246.21
(二)	461.26
(三)	80.24
(四)	26 279.41
(五)	346.72

全国统一标准技术比赛

(传票)

20

(一)	3 549.52
(二)	697 274.16
(三)	7 216 249.88
(四)	24.12
(五)	65 279.21

全国统一标准技术比赛

(传票)

21

(一)	489.72
(二)	247 369.26
(三)	5 279.91
(四)	3 824 608.21
(五)	268.04

全国统一标准技术比赛（传票）

22

（一）	97 349 82
（二）	6 247.92
（三）	649 279.34
（四）	469.21
（五）	46.52

全国统一标准技术比赛（传票）

23

（一）	6 279.41
（二）	82 379.62
（三）	498 237.91
（四）	218 209.37
（五）	6 249 348.22

全国统一标准技术比赛（传票）

24

（一）	597.36
（二）	6 249.72
（三）	6 298.34
（四）	249.24
（五）	379 246.25

全国统一标准技术比赛（传票）

25

（一）	67.34
（二）	9 273.23
（三）	63 348.75
（四）	6 312.02
（五）	978 246.36

全国统一标准技术比赛（传票）

26

（一）	5 123 279.35
（二）	246.18
（三）	34 279.55
（四）	279.25
（五）	346 249.87

全国统一标准技术比赛（传票）

27

（一）	62 249.87
（二）	46.95
（三）	4 264.26
（四）	2 270.46
（五）	542.16

全国统一标准技术比赛

（传票）

28

（一）	468 216. 56
（二）	5 214 372. 94
（三）	74 246. 12
（四）	46 279. 52
（五）	5 759. 92

全国统一标准技术比赛

（传票）

29

（一）	958 246. 61
（二）	487. 32
（三）	46. 52
（四）	268 209. 34
（五）	2 249. 87

全国统一标准技术比赛

（传票）

30

（一）	246. 23
（二）	58 249. 37
（三）	5 479 241. 22
（四）	58. 29
（五）	6 379. 82

全国统一标准技术比赛

（传票）

31

（一）	798 306. 15
（二）	986. 37
（三）	65 279. 41
（四）	9 246 875. 62
（五）	679. 34

全国统一标准技术比赛

（传票）

32

（一）	497 279. 51
（二）	67 719. 46
（三）	8 274. 12
（四）	468. 26
（五）	54. 27

全国统一标准技术比赛

（传票）

33

（一）	69 246. 23
（二）	487 240. 23
（三）	3 249. 87
（四）	597. 42
（五）	6 546 379. 26

34

全国统一标准技术比赛（传票）

(一)	46 789.64
(二)	632 145.28
(三)	2 197.34
(四)	468.27
(五)	6 379.82

35

全国统一标准技术比赛（传票）

(一)	24.92
(二)	379 246.28
(三)	94 340.37
(四)	24 349.34
(五)	3 149.25

36

全国统一标准技术比赛（传票）

(一)	9 246 706.26
(二)	164.29
(三)	817 271.44
(四)	197 279.24
(五)	349.26

37

全国统一标准技术比赛（传票）

(一)	37 487.14
(二)	49.32
(三)	5 346.23
(四)	902 346.21
(五)	628.71

38

全国统一标准技术比赛（传票）

(一)	6 279.14
(二)	1 348 249.37
(三)	51 468.72
(四)	349.72
(五)	5 498.46

39

全国统一标准技术比赛（传票）

(一)	379 209.21
(二)	18 246.92
(三)	33.77
(四)	197 279.34
(五)	21 379.81

全国统一标准技术比赛（传票）

40

（一）	526.34
（二）	8 246.72
（三）	9 179 648.26
（四）	34.73
（五）	649.16

全国统一标准技术比赛（传票）

41

（一）	46 279.21
（二）	379 279.45
（三）	9 206.17
（四）	979 246.51
（五）	49 248.29

全国统一标准技术比赛（传票）

42

（一）	349.87
（二）	379 279.42
（三）	6 497.82
（四）	379.42
（五）	49.72

全国统一标准技术比赛（传票）

43

（一）	379 206.21
（二）	6 248.79
（三）	6 248.79
（四）	264.31
（五）	8 246 379.36

全国统一标准技术比赛（传票）

44

（一）	64 279.15
（二）	379 246.12
（三）	6 246.78
（四）	72 301.82
（五）	197.21

全国统一标准技术比赛（传票）

45

（一）	81.29
（二）	3 753.61
（三）	924 643.05
（四）	8 516.28
（五）	349.82

全国统一标准技术比赛（传票）

46

（一）	9 246 261.38
（二）	98 346.71
（三）	921 647.52
（四）	798.21
（五）	978 346.12

全国统一标准技术比赛（传票）

47

（一）	6 726.24
（二）	24.03
（三）	91 346.28
（四）	6 246.79
（五）	64 289.36

全国统一标准技术比赛（传票）

48

（一）	167.58
（二）	6 174 621.97
（三）	321 658.74
（四）	349 279.32
（五）	79 379.25

全国统一标准技术比赛（传票）

49

（一）	198.26
（二）	1 608.92
（三）	64.32
（四）	246.28
（五）	46 879.21

全国统一标准技术比赛（传票）

50

（一）	379 216.33
（二）	8 924.76
（三）	2 179 642.35
（四）	62.78
（五）	846.27

全国统一标准技术比赛（传票）

51

（一）	2 549.81
（二）	46 951.78
（三）	126 501.48
（四）	5 254 625.49
（五）	254.98

52

全国统一标准技术比赛

（传票）

（一）	6 154.98
（二）	59 548.71
（三）	584 365.48
（四）	246.35
（五）	79.24

53

全国统一标准技术比赛

（传票）

（一）	2 451.78
（二）	36 514.98
（三）	658 604.58
（四）	487.11
（五）	2 524 279.24

54

全国统一标准技术比赛

（传票）

（一）	2 542.12
（二）	66 274.68
（三）	985 659.64
（四）	592.35
（五）	5.479.24

55

全国统一标准技术比赛

（传票）

（一）	21.65
（二）	49 628.54
（三）	590 659.24
（四）	246.19
（五）	6 349.57

56

全国统一标准技术比赛

（传票）

（一）	5 452 469.14
（二）	24 698.78
（三）	585 246.91
（四）	245.95
（五）	5 214.95

57

全国统一标准技术比赛

（传票）

（一）	56 598.45
（二）	74.68
（三）	154 505.48
（四）	254.82
（五）	1 521.45

全国统一标准技术比赛

（传票）

58

（一）	65 482. 31
（二）	2 226 274. 68
（三）	355 262. 48
（四）	2 362. 59
（五）	589. 51

全国统一标准技术比赛

（传票）

59

（一）	162 548. 24
（二）	52 406. 54
（三）	59. 84
（四）	262. 51
（五）	146 254. 98

全国统一标准技术比赛

（传票）

60

（一）	62 549. 84
（二）	2 485. 12
（三）	5 565 462. 54
（四）	58. 52
（五）	1 652. 48

全国统一标准技术比赛

（传票）

61

（一）	548 54
（二）	65 125. 41
（三）	659 205. 83
（四）	9 544 564. 82
（五）	4 279. 24

全国统一标准技术比赛

（传票）

62

（一）	542. 12
（二）	95 624. 85
（三）	254 948. 56
（四）	59. 84
（五）	62 499. 85

全国统一标准技术比赛

（传票）

63

（一）	581. 24
（二）	9 501. 64
（三）	625. 49
（四）	1 279 246. 35
（五）	54 279. 24

全国统一标准技术比赛

（传票）

64

（一）	659 521.54
（二）	5 145.26
（三）	5 246.82
（四）	955 484.65
（五）	79.24

全国统一标准技术比赛

（传票）

65

（一）	65 248.51
（二）	625.84
（三）	52 068.41
（四）	6 254.85
（五）	5 124 688.52

全国统一标准技术比赛

（传票）

66

（一）	215 486.58
（二）	254.88
（三）	688.55
（四）	524 865.91
（五）	5 246.82

全国统一标准技术比赛

（传票）

67

（一）	62.54
（二）	25 405.47
（三）	5 245.85
（四）	215 336.44
（五）	54 279.24

全国统一标准技术比赛

（传票）

68

（一）	5 245 869.85
（二）	254.68
（三）	5 615.42
（四）	524 689.54
（五）	54 279.24

全国统一标准技术比赛

（传票）

69

（一）	542.12
（二）	74.68
（三）	52 468.08
（四）	856 952.48
（五）	279.24

70

全国统一标准技术比赛

（传票）

（一）	5 542.12
（二）	8 226 274.68
（三）	52.46
（四）	79 246.35
（五）	4 279.24

71

全国统一标准技术比赛

（传票）

（一）	524 586.58
（二）	254.85
（三）	5 245 870.55
（四）	254 856.95
（五）	279.24

72

全国统一标准技术比赛

（传票）

（一）	36 542.12
（二）	6 274.68
（三）	2 546.85
（四）	46.35
（五）	54 279.24

73

全国统一标准技术比赛

（传票）

（一）	352 542.12
（二）	274.68
（三）	6 728.64
（四）	1 270 246.35
（五）	279.24

74

全国统一标准技术比赛

（传票）

（一）	787 542.12
（二）	26 274.68
（三）	286.45
（四）	1 279 246.35
（五）	79.24

75

全国统一标准技术比赛

（传票）

（一）	5 542.12
（二）	26 265.68
（三）	665.48
（四）	65 214.66
（五）	5 982 408.57

76

全国统一标准技术比赛

（传票）

（一）	6 254.85
（二）	596 325.48
（三）	62 548.65
（四）	9 246.35
（五）	954 279.24

77

全国统一标准技术比赛

（传票）

（一）	42.12
（二）	274.68
（三）	524 695.07
（四）	246.35
（五）	4 279.24

78

全国统一标准技术比赛

（传票）

（一）	3 595 542.12
（二）	26 274.68
（三）	36 728.64
（四）	529 246.35
（五）	585.24

79

全国统一标准技术比赛

（传票）

（一）	9 658.54
（二）	24.68
（三）	5 824.58
（四）	625 405.95
（五）	524.68

80

全国统一标准技术比赛

（传票）

（一）	524.58
（二）	5 246.85
（三）	5 248 596.54
（四）	58.95
（五）	632.54

81

全国统一标准技术比赛

（传票）

（一）	65 542.12
（二）	6 274.68
（三）	456 708.64
（四）	1 279 246.35
（五）	54 279.24

全国统一标准技术比赛

（传票）

82

（一）	362.49
（二）	6 245.91
（三）	926 514.38
（四）	562 498.71
（五）	68.95

全国统一标准技术比赛

（传票）

83

（一）	632.95
（二）	62 501.43
（三）	6 254.91
（四）	246.35
（五）	2 469 581.34

全国统一标准技术比赛

（传票）

84

（一）	56 249.17
（二）	369 548.72
（三）	9 584.68
（四）	65 924.87
（五）	624 958.17

全国统一标准技术比赛

（传票）

85

（一）	65.49
（二）	3 625.94
（三）	625.49
（四）	279 206.35
（五）	6 249.51

全国统一标准技术比赛

（传票）

86

（一）	2 615 498.74
（二）	69 245.81
（三）	596.32
（四）	5 621.94
（五）	365.54

全国统一标准技术比赛

（传票）

87

（一）	56 249.01
（二）	62.49
（三）	549 326.14
（四）	54 936.24
（五）	4 592.15

全国统一标准技术比赛

(传票)

88

(一)	624 312.15
(二)	1 325 694.35
(三)	624.58
(四)	548 622.41
(五)	356.89

全国统一标准技术比赛

(传票)

89

(一)	58 924.76
(二)	6 305.49
(三)	52.14
(四)	624.91
(五)	62 485.13

全国统一标准技术比赛

(传票)

90

(一)	624 513.89
(二)	6 521.48
(三)	6 265 825.65
(四)	26.58
(五)	625.48

全国统一标准技术比赛

(传票)

91

(一)	524 615.48
(二)	6 924.81
(三)	56 301.94
(四)	1 279 246.35
(五)	62 495.87

全国统一标准技术比赛

(传票)

92

(一)	6 245.91
(二)	362 498.75
(三)	958.47
(四)	625.48
(五)	35.49

全国统一标准技术比赛

(传票)

93

(一)	3 624.58
(二)	549 321.65
(三)	14 593.87
(四)	36 504.27
(五)	2 465 987.15

全国统一标准技术比赛

（传票）

94

（一）	4 692. 51
（二）	356. 48
（三）	549 213. 64
（四）	354 924. 78
（五）	62 459. 14

全国统一标准技术比赛

（传票）

95

（一）	85. 46
（二）	549. 32
（三）	9 305. 14
（四）	2 495. 18
（五）	624. 58

全国统一标准技术比赛

（传票）

96

（一）	1 362 459. 24
（二）	62 145. 73
（三）	953 216. 47
（四）	259 847. 61
（五）	63 154. 92

全国统一标准技术比赛

（传票）

97

（一）	954. 82
（二）	64. 95
（三）	3 908. 61
（四）	562. 14
（五）	648 921. 31

全国统一标准技术比赛

（传票）

98

（一）	56 438. 79
（二）	1 695 482. 34
（三）	6 549. 87
（四）	354. 98
（五）	4 695. 87

全国统一标准技术比赛

（传票）

99

（一）	231 479. 25
（二）	24 901. 58
（三）	35. 49
（四）	35 798. 47
（五）	265 149. 87

全国统一标准技术比赛

（传票）

	100
（一）	3 654.95
（二）	624.95
（三）	4 624 598.59
（四）	65.98
（五）	59 584.56

第一组：

序号	起始页码	行次	答案
1	11—30	（三）	
2	60—79	（四）	
3	56—75	（二）	
4	68—87	（一）	
5	2—21	（四）	

第二组：

序号	起始页码	行次	答案
6	38—57	（三）	
7	16—35	（二）	
8	54—73	（四）	
9	15—34	（四）	
10	25—44	（四）	

第三组：

序号	起始页码	行次	答案
11	41—60	（四）	
12	30—49	（五）	
13	43—62	（五）	
14	23—42	（四）	
15	38—57	（二）	

第四组：

序号	起始页码	行次	答案
16	36—55	（一）	
17	17—36	（五）	
18	80—99	（一）	
19	10—29	（一）	
20	13—32	（五）	

第五组：

序号	起始页码	行次	答案
21	52—71	（四）	
22	16—35	（五）	
23	40—59	（一）	
24	19—38	（五）	
25	65—84	（三）	

第六组：

序号	起始页码	行次	答案
26	51—70	（四）	
27	63—82	（三）	
28	73—92	（四）	
29	26—45	（四）	
30	14—33	（四）	

第七组：

序号	起始页码	行次	答案
31	53—72	（二）	
32	39—58	（一）	
33	50—69	（五）	
34	79—98	（二）	
35	40—59	（五）	

第八组：

序号	起始页码	行次	答案
36	66—85	（四）	
37	28—47	（一）	
38	19—38	（二）	
39	25—44	（三）	
40	16—35	（四）	

第九组：

序号	起始页码	行次	答案
41	81—100	（五）	
42	37—56	（一）	
43	72—91	（一）	
44	34—53	（四）	
45	54—73	（五）	

第十组：

序号	起始页码	行次	答案
46	10—29	（三）	
47	50—69	（四）	
48	6—25	（二）	
49	59—78	（二）	
50	9—28	（五）	

第十一组：

序号	起始页码	行次	答案
51	47—66	（三）	
52	29—48	（四）	
53	55—74	（三）	
54	34—53	（二）	
55	30—49	（三）	

第十二组：

序号	起始页码	行次	答案
56	27—46	（五）	
57	79—98	（三）	
58	6—25	（三）	
59	33—52	（二）	
60	42—61	（三）	

第十三组：

序号	起始页码	行次	答案
61	39—58	（五）	
62	28—47	（二）	
63	22—41	（五）	
64	28—47	（五）	
65	45—64	（五）	

第十四组：

序号	起始页码	行次	答案
66	78—97	（五）	
67	64—83	（二）	
68	76—95	（三）	
69	60—79	（一）	
70	32—51	（四）	

第十五组：

序号	起始页码	行次	答案
71	44—63	（一）	
72	9—28	（一）	
73	72—91	（五）	
74	64—83	（五）	
75	54—73	（二）	

第十六组：

序号	起始页码	行次	答案
76	9—28	（三）	
77	55—74	（四）	
78	64—83	（一）	
79	76—95	（一）	
80	20—39	（一）	

第十七组:

序号	起始页码	行次	答案
81	12—31	(一)	
82	12—31	(三)	
83	8—27	(四)	
84	61—80	(三)	
85	15—34	(三)	

第十八组:

序号	起始页码	行次	答案
86	43—62	(三)	
87	21—40	(一)	
88	36—55	(五)	
89	58—77	(二)	
90	35—54	(五)	

第十九组:

序号	起始页码	行次	答案
91	57—76	(一)	
92	4—23	(二)	
93	16—35	(三)	
94	53—72	(五)	
95	75—94	(五)	

第二十组:

序号	起始页码	行次	答案
96	55—74	(二)	
97	49—68	(五)	
98	62—81	(五)	
99	76—95	(二)	
100	46—65	(三)	

第二十一组：

序号	起始页码	行次	答案
101	15—34	(五)	
102	71—90	(二)	
103	5—24	(三)	
104	41—60	(二)	
105	20—39	(四)	

第二十二组：

序号	起始页码	行次	答案
106	26—45	(三)	
107	51—70	(一)	
108	73—92	(一)	
109	75—94	(四)	
110	52—71	(一)	

第二十三组：

序号	起始页码	行次	答案
111	66—85	(二)	
112	56—75	(三)	
113	30—49	(二)	
114	19—38	(三)	
115	29—48	(三)	

第二十四组：

序号	起始页码	行次	答案
116	63—82	(二)	
117	61—80	(五)	
118	80—99	(四)	
119	12—31	(二)	
120	1—20	(四)	

第二十五组：

序号	起始页码	行次	答案
121	22—41	（四）	
122	25—44	（二）	
123	60—79	（三）	
124	43—62	（二）	
125	21—40	（二）	

第二十六组：

序号	起始页码	行次	答案
126	72—91	（三）	
127	10—29	（五）	
128	24—43	（三）	
129	21—40	（五）	
130	71—90	（三）	

第二十七组：

序号	起始页码	行次	答案
131	36—55	（四）	
132	69—88	（三）	
133	78—97	（三）	
134	21—40	（三）	
135	77—96	（一）	

第二十八组：

序号	起始页码	行次	答案
136	73—92	（二）	
137	71—90	（四）	
138	8—27	（二）	
139	13—32	（三）	
140	56—75	（四）	

第二十九组：

序号	起始页码	行次	答案
141	77—96	(二)	
142	47—66	(四)	
143	59—78	(一)	
144	74—93	(三)	
145	64—83	(四)	

第三十组：

序号	起始页码	行次	答案
146	48—67	(二)	
147	7—26	(五)	
148	70—89	(三)	
149	28—47	(三)	
150	58—77	(五)	

第三十一组：

序号	起始页码	行次	答案
151	50—69	(二)	
152	5—24	(二)	
153	4—23	(五)	
154	55—74	(五)	
155	68—87	(二)	

第三十二组：

序号	起始页码	行次	答案
156	67—86	(一)	
157	4—23	(三)	
158	69—88	(四)	
159	42—61	(一)	
160	62—81	(一)	

第三十三组：

序号	起始页码	行次	答案
161	63—82	（四）	
162	48—67	（四）	
163	31—50	（三）	
164	66—85	（五）	
165	32—51	（五）	

第三十四组：

序号	起始页码	行次	答案
166	79—98	（一）	
167	39—58	（二）	
168	58—77	（一）	
169	48—67	（一）	
170	75—94	（二）	

第三十五组：

序号	起始页码	行次	答案
171	40—59	（二）	
172	69—88	（二）	
173	46—65	（一）	
174	43—62	（一）	
175	49—68	（二）	

第三十六组：

序号	起始页码	行次	答案
176	24—43	（一）	
177	61—80	（一）	
178	14—33	（三）	
179	53—72	（一）	
180	27—46	（一）	

第三十七组：

序号	起始页码	行次	答案
181	26—45	（五）	
182	4—23	（一）	
183	35—54	（一）	
184	53—72	（三）	
185	22—41	（二）	

第三十八组：

序号	起始页码	行次	答案
186	29—48	（五）	
187	51—70	（五）	
188	58—77	（四）	
189	7—26	（一）	
190	32—51	（三）	

第三十九组：

序号	起始页码	行次	答案
191	54—73	（三）	
192	38—57	（一）	
193	62—81	（三）	
194	17—36	（二）	
195	78—97	（二）	

第四十组：

序号	起始页码	行次	答案
196	11—30	（四）	
197	44—63	（五）	
198	9—28	（二）	
199	61—80	（四）	
200	11—30	（五）	

第四十一组：

序号	起始页码	行次	答案
201	31—50	（四）	
202	25—44	（五）	
203	52—71	（五）	
204	38—57	（四）	
205	8—27	（五）	

第四十二组：

序号	起始页码	行次	答案
206	40—59	（三）	
207	79—98	（五）	
208	25—44	（一）	
209	70—89	（五）	
210	41—60	（三）	

第四十三组：

序号	起始页码	行次	答案
211	1—20	（三）	
212	80—99	（三）	
213	43—62	（四）	
214	2—21	（一）	
215	44—63	（四）	

第四十四组：

序号	起始页码	行次	答案
216	65—84	（二）	
217	45—64	（二）	
218	81—100	（二）	
219	3—22	（五）	
220	45—64	（三）	

第四十五组：

序号	起始页码	行次	答案
221	63—82	（五）	
222	3—22	（二）	
223	23—42	（二）	
224	56—75	（一）	
225	7—26	（三）	

第四十六组：

序号	起始页码	行次	答案
226	77—96	（四）	
227	37—56	（五）	
228	47—66	（一）	
229	77—96	（三）	
230	74—93	（二）	

第四十七组：

序号	起始页码	行次	答案
231	29—48	（一）	
232	17—36	（四）	
233	31—50	（五）	
234	69—88	（一）	
235	11—30	（二）	

第四十八组：

序号	起始页码	行次	答案
236	15—34	（一）	
237	45—64	（四）	
238	57—76	（五）	
239	46—65	（五）	
240	41—60	（一）	

第四十九组：

序号	起始页码	行次	答案
241	59—78	（三）	
242	18—37	（三）	
243	24—43	（二）	
244	30—49	（一）	
245	63—82	（一）	

第五十组：

序号	起始页码	行次	答案
246	73—92	（五）	
247	66—85	（三）	
248	2—21	（五）	
249	17—36	（三）	
250	23—42	（五）	

第五十一组：

序号	起始页码	行次	答案
251	19—38	（四）	
252	1—20	（二）	
253	37—56	（四）	
254	42—61	（四）	
255	74—93	（一）	

第五十二组：

序号	起始页码	行次	答案
256	76—95	（五）	
257	24—43	（五）	
258	57—76	（二）	
259	32—51	（二）	
260	35—54	（四）	

第五十三组：

序号	起始页码	行次	答案
261	20—39	（三）	
262	18—37	（五）	
263	10—29	（四）	
264	71—90	（五）	
265	49—68	（一）	

第五十四组：

序号	起始页码	行次	答案
266	75—94	（三）	
267	11—30	（一）	
268	42—61	（五）	
269	57—76	（四）	
270	44—63	（二）	

第五十五组：

序号	起始页码	行次	答案
271	9—28	（四）	
272	51—70	（二）	
273	67—86	（二）	
274	29—48	（二）	
275	62—81	（四）	

第五十六组：

序号	起始页码	行次	答案
276	59—78	（五）	
277	49—68	（三）	
278	1—20	（五）	
279	14—33	（二）	
280	8—27	（一）	

第五十七组：

序号	起始页码	行次	答案
281	81—100	(四)	
282	21—40	(四)	
283	73—92	(三)	
284	13—32	(一)	
285	27—46	(三)	

第五十八组：

序号	起始页码	行次	答案
286	48—67	(五)	
287	7—26	(二)	
288	35—54	(二)	
289	78—97	(四)	
290	59—78	(四)	

第五十九组：

序号	起始页码	行次	答案
291	52—71	(二)	
292	46—65	(二)	
293	80—99	(二)	
294	50—69	(三)	
295	64—83	(三)	

第六十组：

序号	起始页码	行次	答案
296	23—42	(三)	
297	74—93	(五)	
298	17—36	(一)	
299	5—24	(一)	
300	52—71	(三)	

第六十一组：

序号	起始页码	行次	答案
301	33—52	（五）	
302	30—49	（四）	
303	65—84	（一）	
304	5—24	（五）	
305	67—86	（四）	

第六十二组：

序号	起始页码	行次	答案
306	41—60	（五）	
307	72—91	（四）	
308	8—27	（三）	
309	72—91	（二）	
310	36—55	（三）	

第六十三组：

序号	起始页码	行次	答案
311	14—33	（五）	
312	13—32	（四）	
313	79—98	（四）	
314	69—88	（五）	
315	67—86	（五）	

第六十四组：

序号	起始页码	行次	答案
316	78—97	（一）	
317	57—76	（三）	
318	27—46	（二）	
319	28—47	（四）	
320	33—52	（四）	

第六十五组：

序号	起始页码	行次	答案
321	23—42	（一）	
322	18—37	（一）	
323	3—22	（一）	
324	20—39	（二）	
325	40—59	（四）	

第六十六组：

序号	起始页码	行次	答案
326	2—21	（二）	
327	15—34	（二）	
328	24—43	（四）	
329	6—25	（五）	
330	32—51	（一）	

第六十七组：

序号	起始页码	行次	答案
331	44—63	（三）	
332	47—66	（二）	
333	33—52	（一）	
334	5—24	（四）	
335	65—84	（五）	

第六十八组：

序号	起始页码	行次	答案
336	12—31	（五）	
337	37—56	（二）	
338	19—38	（一）	
339	35—54	（三）	
340	34—53	（三）	

第六十九组：

序号	起始页码	行次	答案
341	62—81	（二）	
342	51—70	（三）	
343	77—96	（五）	
344	81—100	（一）	
345	39—58	（四）	

第七十组：

序号	起始页码	行次	答案
346	65—84	（四）	
347	31—50	（一）	
348	71—90	（一）	
349	56—75	（五）	
350	47—66	（五）	

第七十一组：

序号	起始页码	行次	答案
351	70—89	（一）	
352	2—21	（三）	
353	12—31	（四）	
354	27—46	（四）	
355	38—57	（五）	

第七十二组：

序号	起始页码	行次	答案
356	33—52	（三）	
357	67—86	（三）	
358	14—33	（一）	
359	60—79	（五）	
360	3—22	（三）	

第七十三组：

序号	起始页码	行次	答案
361	18—37	（二）	
362	53—72	（四）	
363	54—73	（一）	
364	70—89	（四）	
365	26—45	（二）	

第七十四组：

序号	起始页码	行次	答案
366	48—67	（三）	
367	45—64	（一）	
368	37—56	（三）	
369	55—74	（一）	
370	61—80	（二）	

第七十五组：

序号	起始页码	行次	答案
371	6—25	（四）	
372	4—23	（四）	
373	18—37	（四）	
374	34—53	（一）	
375	49—68	（四）	

第七十六组：

序号	起始页码	行次	答案
376	39—58	（三）	
377	74—93	（四）	
378	66—85	（一）	
379	81—100	（三）	
380	6—25	（一）	

第七十七组：

序号	起始页码	行次	答案
381	70—89	（二）	
382	80—99	（五）	
383	13—32	（二）	
384	31—50	（二）	
385	76—95	（四）	

第七十八组：

序号	起始页码	行次	答案
386	20—39	（五）	
387	10—29	（二）	
388	68—87	（五）	
389	46—65	（四）	
390	60—79	（二）	

第七十九组：

序号	起始页码	行次	答案
391	3—22	（四）	
392	26—45	（一）	
393	7—26	（四）	
394	34—53	（五）	
395	22—41	（三）	

第八十组：

序号	起始页码	行次	答案
396	68—87	（四）	
397	75—94	（一）	
398	36—55	（二）	
399	68—87	（三）	
400	22—41	（一）	

第八十一组：

序号	起始页码	行次	答案
401	1—20	(一)	
402	50—69	(一)	
403	16—35	(一)	
404	58—77	(三)	
405	42—61	(二)	

第二套传票：

全国技术比赛
百张传票算题
（五排B）

全国统一标准技术比赛（传票） 1

（一）	358.64
（二）	63 215.69
（三）	234 381.91
（四）	6 395.21
（五）	612 352.53

全国统一标准技术比赛（传票） 2

（一）	81 248.61
（二）	15.09
（三）	4 193.47
（四）	328.54
（五）	47 926.42

全国统一标准技术比赛（传票） 3

（一）	10.25
（二）	1 753.46
（三）	42 419.32
（四）	3 683.72
（五）	276.29

4

全国统一标准技术比赛

(传票)

(一)	4 318.22
(二)	2 078 350.62
(三)	935.28
(四)	72 513.82
(五)	611 738.24

5

全国统一标准技术比赛

(传票)

(一)	412.57
(二)	387 615.33
(三)	2 345.69
(四)	561 492.17
(五)	877.62

6

全国统一标准技术比赛

(传票)

(一)	54 176.93
(二)	491 342.56
(三)	326.57
(四)	65 328.41
(五)	3 207 360.74

7

全国统一标准技术比赛

(传票)

(一)	2 132.75
(二)	916.83
(三)	52 413.82
(四)	251 437.56
(五)	20.74

8

全国统一标准技术比赛

(传票)

(一)	5 004 531.26
(二)	2 156.38
(三)	235 257.19
(四)	3 850 027.42
(五)	41 365.62

9

全国统一标准技术比赛

(传票)

(一)	217 279.34
(二)	631.52
(三)	90.25
(四)	493.56
(五)	8 372.55

全国统一标准技术比赛

（传票）

10

（一）	613 476.58
（二）	36 891.34
（三）	5 203 506.12
（四）	21.08
（五）	7 246.83

全国统一标准技术比赛

（传票）

11

（一）	215.43
（二）	65 179.52
（三）	654 852.36
（四）	5 418.92
（五）	739 523.75

全国统一标准技术比赛

（传票）

12

（一）	25 168.34
（二）	80.25
（三）	9 473.28
（四）	497.57
（五）	73 159.46

全国统一标准技术比赛

（传票）

13

（一）	75.06
（二）	2 493.74
（三）	67 528.36
（四）	8 716.51
（五）	187.63

全国统一标准技术比赛

（传票）

14

（一）	3 483.72
（二）	2 780 306.97
（三）	571.69
（四）	58 762.93
（五）	73 459.18

全国统一标准技术比赛

（传票）

15

（一）	125.79
（二）	351 682.17
（三）	6 718.65
（四）	296 531.42
（五）	279.68

全国统一标准技术比赛 (传票) 16

(一)	19 437.56
(二)	594 348.35
(三)	572.36
(四)	1 348.57
(五)	7 029 350.21

全国统一标准技术比赛 (传票) 17

(一)	5 492.81
(二)	389.42
(三)	72 693.58
(四)	637 175.86
(五)	90.75

全国统一标准技术比赛 (传票) 18

(一)	6 203 074.18
(二)	5 473.62
(三)	492 736.25
(四)	6 028 340.72
(五)	24 673.89

全国统一标准技术比赛 (传票) 19

(一)	354 781.26
(二)	483.17
(三)	20.59
(四)	372.51
(五)	7,371.69

全国统一标准技术比赛 (传票) 20

(一)	276 567.31
(二)	65 257.46
(三)	327 309.94
(四)	75.09
(五)	3 672.58

全国统一标准技术比赛 (传票) 21

(一)	296.37
(二)	34 726.59
(三)	276 472.97
(四)	3 719.38
(五)	625 786.21

全国统一标准技术比赛

(传票)

22

(一)	37 592.71
(二)	50.27
(三)	8 764.29
(四)	531.76
(五)	62 379.35

全国统一标准技术比赛

(传票)

23

(一)	60.53
(二)	6 231.94
(三)	32 761.82
(四)	6 825.73
(五)	672.54

全国统一标准技术比赛

(传票)

24

(一)	5 723.48
(二)	8 030 419.65
(三)	529.38
(四)	45 297.29
(五)	629 328.95

全国统一标准技术比赛

(传票)

25

(一)	589.43
(二)	274 381.26
(三)	2 593.15
(四)	536 279.94
(五)	825.67

全国统一标准技术比赛

(传票)

26

(一)	37 267.82
(二)	691 769.58
(三)	298.24
(四)	61 863.13
(五)	6 298 006.73

全国统一标准技术比赛

(传票)

27

(一)	9 763.25
(二)	286.91
(三)	28 416.52
(四)	672 193.78
(五)	21.05

28

全国统一标准技术比赛

（传票）

（一）	5 706 031.39
（二）	7 653.82
（三）	672 872.58
（四）	3 308 240.63
（五）	65 827.16

29

全国统一标准技术比赛

（传票）

（一）	274 359.42
（二）	942.35
（三）	70.26
（四）	283.95
（五）	1 729.48

30

全国统一标准技术比赛

（传票）

（一）	258 769.13
（二）	46 872.69
（三）	5 080 329.38
（四）	50.12
（五）	2 968.57

31

全国统一标准技术比赛

（传票）

（一）	159.28
（二）	38 716.59
（三）	625 397.24
（四）	2 465.92
（五）	653 762.39

32

全国统一标准技术比赛

（传票）

（一）	42 371.56
（二）	61.02
（三）	8 672.13
（四）	597.38
（五）	54 825.69

33

全国统一标准技术比赛

（传票）

（一）	51.06
（二）	9 573.25
（三）	23 275.68
（四）	7 359.42
（五）	537.96

全国统一标准技术比赛 （传票）

34

（一）	7 253. 47
（二）	5 200 321. 85
（三）	394. 28
（四）	66 257. 31
（五）	574 681. 67

全国统一标准技术比赛 （传票）

35

（一）	325. 47
（二）	647 354. 25
（三）	5 294. 38
（四）	359 276. 92
（五）	374. 59

全国统一标准技术比赛 （传票）

36

（一）	26 251. 43
（二）	367 146. 58
（三）	369. 25
（四）	34 729. 38
（五）	2 010 325. 41

全国统一标准技术比赛 （传票）

37

（一）	5 362. 47
（二）	358. 91
（三）	37 561. 72
（四）	639 712. 58
（五）	70. 18

全国统一标准技术比赛 （传票）

38

（一）	3 120 058. 97
（二）	4 259. 68
（三）	325 496. 15
（四）	1 590 340. 27
（五）	29 719. 64

全国统一标准技术比赛 （传票）

39

（一）	469 276. 31
（二）	486. 93
（三）	69. 01
（四）	379. 28
（五）	8 276. 83

全国统一标准技术比赛（传票）

40

（一）	673 175. 29
（二）	48 593. 26
（三）	2 008 364. 97
（四）	80. 65
（五）	7 421. 37

全国统一标准技术比赛（传票）

41

（一）	789. 69
（二）	32 156. 24
（三）	625 397. 24
（四）	5 692. 38
（五）	687 392. 59

全国统一标准技术比赛（传票）

42

（一）	36 358. 64
（二）	15. 09
（三）	6 395. 21
（四）	381. 26
（五）	27 618. 36

全国统一标准技术比赛（传票）

43

（一）	51. 06
（二）	5 631. 94
（三）	84 385. 61
（四）	3 615. 87
（五）	946. 69

全国统一标准技术比赛（传票）

44

（一）	2 627. 19
（二）	6 035 245. 02
（三）	824. 61
（四）	49 618. 34
（五）	356 248. 12

全国统一标准技术比赛（传票）

45

（一）	537. 18
（二）	527 639. 25
（三）	1 246. 98
（四）	359 621. 73
（五）	967. 57

全国统一标准技术比赛 （传票） 46

（一）	81 264. 85
（二）	487 835. 42
（三）	285. 64
（四）	94 714. 51
（五）	1 910 305. 48

全国统一标准技术比赛 （传票） 47

（一）	8 827. 62
（二）	241. 67
（三）	76 123. 56
（四）	518 487. 54
（五）	62. 03

全国统一标准技术比赛 （传票） 48

（一）	6 109 078. 92
（二）	5 187. 62
（三）	289 436. 18
（四）	2 500 263. 28
（五）	96 845. 46

全国统一标准技术比赛 （传票） 49

（一）	694 138. 58
（二）	276. 51
（三）	20. 63
（四）	851. 49
（五）	9 154. 37

全国统一标准技术比赛 （传票） 50

（一）	971 293. 62
（二）	37 215. 78
（三）	5 600 321. 85
（四）	61. 02
（五）	2 485. 28

全国统一标准技术比赛 （传票） 51

（一）	721. 39
（二）	59 482. 13
（三）	681 527. 24
（四）	8 751. 29
（五）	392 716. 34

52

全国统一标准技术比赛

（传票）

（一）	68 927.31
（二）	37.05
（三）	3 245.67
（四）	284.76
（五）	63 192.87

53

全国统一标准技术比赛

（传票）

（一）	80.15
（二）	4 869.17
（三）	47 254.96
（四）	1 427.63
（五）	158.29

54

全国统一标准技术比赛

（传票）

（一）	6 237.52
（二）	2 359 002.48
（三）	864.57
（四）	69 527.61
（五）	328 817.69

55

全国统一标准技术比赛

（传票）

（一）	219.82
（二）	511 824.17
（三）	7 512.36
（四）	381 942.78
（五）	483.21

56

全国统一标准技术比赛

（传票）

（一）	26 351.57
（二）	128 794.35
（三）	481.29
（四）	27 365.42
（五）	8 603 247.58

57

全国统一标准技术比赛

（传票）

（一）	1 851.49
（二）	325.87
（三）	36 425.89
（四）	681 232.16
（五）	40.52

全国统一标准技术比赛

（传票）

58

（一）	8 607 820.91
（二）	3 235 26
（三）	525 387.42
（四）	9 390 201.59
（五）	59 297.62

全国统一标准技术比赛

（传票）

59

（一）	369 321.26
（二）	987.32
（三）	12.08
（四）	336.21
（五）	9 654.35

全国统一标准技术比赛

（传票）

60

（一）	261 397.54
（二）	35 952 47
（三）	3 021 450.36
（四）	26.09
（五）	7 215.38

全国统一标准技术比赛

（传票）

61

（一）	368.23
（二）	65 429.18
（三）	396 512.34
（四）	8 735.49
（五）	342 286.74

全国统一标准技术比赛

（传票）

62

（一）	32 198.35
（二）	53.04
（三）	8 925.69
（四）	369.12
（五）	54 321.67

全国统一标准技术比赛

（传票）

63

（一）	60.58
（二）	6 238.46
（三）	54 419.23
（四）	6 873.14
（五）	689.76

全国统一标准技术比赛 (传票)

64

(一)	7 356.86
(二)	9 042 360.87
(三)	457.28
(四)	36 981.27
(五)	736 928.35

全国统一标准技术比赛 (传票)

65

(一)	946.75
(二)	928 192.48
(三)	3 219.83
(四)	625 368.98
(五)	713.32

全国统一标准技术比赛 (传票)

66

(一)	95 263.58
(二)	735 283.67
(三)	753.85
(四)	98 214.29
(五)	6 030 259.47

全国统一标准技术比赛 (传票)

67

(一)	4 358.29
(二)	335.24
(三)	98 317.59
(四)	368 521.34
(五)	61.04

全国统一标准技术比赛 (传票)

68

(一)	7 250 803.99
(二)	8 157.26
(三)	687 157.35
(四)	9 028 052.17
(五)	35 247.28

全国统一标准技术比赛 (传票)

69

(一)	329 268 14
(二)	357.24
(三)	18.09
(四)	514.67
(五)	7 129.38

全国统一标准技术比赛

(传票)

70

(一)	425 157.68
(二)	26 319.27
(三)	4 009 231.32
(四)	38.02
(五)	2 973.41

全国统一标准技术比赛

(传票)

71

(一)	329.83
(二)	36 285.64
(三)	216 129.38
(四)	7 198.34
(五)	987 512.36

全国统一标准技术比赛

(传票)

72

(一)	18 328.25
(二)	35.09
(三)	5 525.33
(四)	298.36
(五)	57 658.39

全国统一标准技术比赛

(传票)

73

(一)	73.06
(二)	9 251.37
(三)	58 326.59
(四)	2 917.36
(五)	925.48

全国统一标准技术比赛

(传票)

74

(一)	3 734.29
(二)	6 350 908.25
(三)	298.67
(四)	69 368.26
(五)	236 725.49

全国统一标准技术比赛

(传票)

75

(一)	536.95
(二)	327 958.29
(三)	3 247.12
(四)	526 468.59
(五)	654.48

全国统一标准技术比赛

(传票)

76

(一)	33 238.57
(二)	524 321.98
(三)	357.59
(四)	21 654.13
(五)	3 710 209.38

全国统一标准技术比赛

(传票)

77

(一)	4 321.98
(二)	359.52
(三)	87 352.52
(四)	217 533.76
(五)	69.07

全国统一标准技术比赛

(传票)

78

(一)	5 780 028.56
(二)	9 416.75
(三)	664 176.46
(四)	8 203 045.19
(五)	34 652.37

全国统一标准技术比赛

(传票)

79

(一)	521 436.59
(二)	758.13
(三)	29.04
(四)	451.92
(五)	3 253.47

全国统一标准技术比赛

(传票)

80

(一)	578 425.57
(二)	42 113.76
(三)	2 234 009.82
(四)	30.81
(五)	2 459.18

全国统一标准技术比赛

(传票)

81

(一)	357.14
(二)	25 634.92
(三)	326 459.86
(四)	5 368.52
(五)	284 613.46

82

全国统一标准技术比赛

(传票)

(一)	34 122.94
(二)	20.56
(三)	9 473.87
(四)	941.52
(五)	32 621.63

83

全国统一标准技术比赛

(传票)

(一)	79.09
(二)	2 573.54
(三)	81 513.62
(四)	4 239.18
(五)	596.34

84

全国统一标准技术比赛

(传票)

(一)	9 571.43
(二)	3 026 908.19
(三)	756.46
(四)	52 364.23
(五)	319 423.57

85

全国统一标准技术比赛

(传票)

(一)	629.47
(二)	452 215.36
(三)	3 289.75
(四)	548 231.29
(五)	654.48

86

全国统一标准技术比赛

(传票)

(一)	27 315.18
(二)	543 769.75
(三)	639.49
(四)	29 163.52
(五)	3 001 259.32

87

全国统一标准技术比赛

(传票)

(一)	3 157.21
(二)	273.58
(三)	12 859.97
(四)	925 421.65
(五)	37.03

全国统一标准技术比赛 (传票) 88

(一)	7 702 350. 59
(二)	3 415. 67
(三)	687 646. 25
(四)	8 911 040. 48
(五)	75 691. 72

全国统一标准技术比赛 (传票) 89

(一)	541,674. 92
(二)	676. 25
(三)	60. 34
(四)	274. 58
(五)	4 156. 17

全国统一标准技术比赛 (传票) 90

(一)	619 485. 21
(二)	37 972. 46
(三)	4 035 605. 52
(四)	83. 08
(五)	6 482. 15

全国统一标准技术比赛 (传票) 91

(一)	971. 56
(二)	32 521. 29
(三)	438 326. 43
(四)	7 265. 18
(五)	549 624. 61

全国统一标准技术比赛 (传票) 92

(一)	37 625. 47
(二)	81. 06
(三)	8 925. 65
(四)	234. 38
(五)	16 521. 76

全国统一标准技术比赛 (传票) 93

(一)	67. 01
(二)	4 148. 36
(三)	43 239. 16
(四)	3 425. 85
(五)	561. 76

全国统一标准技术比赛

（传票）

94

（一）	6 452. 76
（二）	2 039 013. 42
（三）	274. 53
（四）	32 598. 37
（五）	358 517. 23

全国统一标准技术比赛

（传票）

95

（一）	385. 42
（二）	321 956. 63
（三）	4 243. 56
（四）	591 213. 58
（五）	285. 16

全国统一标准技术比赛

（传票）

96

（一）	38 439. 12
（二）	428 219. 75
（三）	286. 72
（四）	56 497. 57
（五）	5 120 263. 06

全国统一标准技术比赛

（传票）

97

（一）	5 756. 32
（二）	764. 19
（三）	13 546. 12
（四）	741 297. 56
（五）	62. 07

全国统一标准技术比赛

（传票）

98

（一）	7 290 308. 65
（二）	6 237. 46
（三）	125 738. 67
（四）	8 230 045. 29
（五）	79 289. 56

全国统一标准技术比赛

（传票）

99

（一）	526 249. 31
（二）	561. 27
（三）	33. 05
（四）	713. 46
（五）	3 574. 18

全国统一标准技术比赛

（传票）

100

（一）	593 249. 73
（二）	26 795. 18
（三）	5 005 636. 59
（四）	91. 02
（五）	5 267. 14

第一组：

序号	起始页码	行次	答案
1	57—76	(三)	
2	51—70	(一)	
3	50—69	(三)	
4	26—45	(一)	
5	39—58	(四)	

第二组：

序号	起始页码	行次	答案
6	80—99	(一)	
7	1—20	(二)	
8	4—23	(二)	
9	11—30	(三)	
10	27—46	(三)	

第三组：

序号	起始页码	行次	答案
11	79—98	(二)	
12	20—39	(四)	
13	31—50	(一)	
14	60—79	(一)	
15	53—72	(五)	

第四组：

序号	起始页码	行次	答案
16	55—74	(一)	
17	43—62	(三)	
18	14—33	(三)	
19	29—48	(三)	
20	65—84	(四)	

第五组：

序号	起始页码	行次	答案
21	15—34	(一)	
22	68—87	(一)	
23	2—21	(一)	
24	47—66	(一)	
25	25—44	(二)	

第六组：

序号	起始页码	行次	答案
26	27—46	(四)	
27	35—54	(五)	
28	19—38	(一)	
29	9—28	(二)	
30	18—37	(三)	

第七组：

序号	起始页码	行次	答案
31	58—77	(三)	
32	44—63	(四)	
33	24—43	(三)	
34	61—80	(四)	
35	40—59	(三)	

第八组：

序号	起始页码	行次	答案
36	44—63	(一)	
37	57—76	(五)	
38	63—82	(一)	
39	59—78	(五)	
40	61—80	(三)	

第九组：

序号	起始页码	行次	答案
41	13—32	（三）	
42	74—93	（二）	
43	77—96	（一）	
44	24—43	（一）	
45	56—75	（四）	

第十组：

序号	起始页码	行次	答案
46	44—63	（二）	
47	26—45	（五）	
48	23—42	（三）	
49	36—55	（一）	
50	63—82	（四）	

第十一组：

序号	起始页码	行次	答案
51	5—24	（三）	
52	34—53	（二）	
53	24—43	（四）	
54	33—52	（五）	
55	7—26	（五）	

第十二组：

序号	起始页码	行次	答案
56	81—100	（一）	
57	69—88	（四）	
58	63—82	（三）	
59	6—25	（一）	
60	45—64	（五）	

第十三组：

序号	起始页码	行次	答案
61	15—34	(二)	
62	10—29	(三)	
63	45—64	(二)	
64	73—92	(二)	
65	50—69	(四)	

第十四组：

序号	起始页码	行次	答案
66	17—36	(四)	
67	11—30	(五)	
68	78—97	(五)	
69	40—59	(五)	
70	79—98	(三)	

第十五组：

序号	起始页码	行次	答案
71	71—90	(五)	
72	72—91	(三)	
73	45—64	(三)	
74	58—77	(一)	
75	56—75	(二)	

第十六组：

序号	起始页码	行次	答案
76	25—44	(一)	
77	17—36	(三)	
78	18—37	(一)	
79	54—73	(五)	
80	11—30	(一)	

第十七组：

序号	起始页码	行次	答案
81	76—95	（四）	
82	72—91	（二）	
83	9—28	（一）	
84	80—99	（三）	
85	65—84	（二）	

第十八组：

序号	起始页码	行次	答案
86	73—92	（四）	
87	14—33	（四）	
88	68—87	（四）	
89	30—49	（一）	
90	56—75	（一）	

第十九组：

序号	起始页码	行次	答案
91	6—25	（四）	
92	53—72	（三）	
93	67—86	（三）	
94	23—42	（一）	
95	64—83	（五）	

第二十组：

序号	起始页码	行次	答案
96	32—51	（四）	
97	52—71	（五）	
98	47—66	（四）	
99	73—92	（三）	
100	37—56	（五）	

第二十一组：

序号	起始页码	行次	答案
101	69—88	（三）	
102	5—24	（五）	
103	22—41	（一）	
104	46—65	（二）	
105	71—90	（一）	

第二十二组：

序号	起始页码	行次	答案
106	5—24	（二）	
107	14—33	（一）	
108	75—94	（一）	
109	40—59	（四）	
110	73—92	（一）	

第二十三组：

序号	起始页码	行次	答案
111	79—98	（四）	
112	78—97	（二）	
113	78—97	（一）	
114	4—23	（五）	
115	2—21	（五）	

第二十四组：

序号	起始页码	行次	答案
116	73—92	（五）	
117	49—68	（二）	
118	21—40	（五）	
119	68—87	（三）	
120	64—83	（三）	

第二十五组：

序号	起始页码	行次	答案
121	80—99	(二)	
122	37—56	(四)	
123	11—30	(四)	
124	42—61	(四)	
125	66—85	(三)	

第二十六组：

序号	起始页码	行次	答案
126	68—87	(五)	
127	51—70	(四)	
128	58—77	(五)	
129	8—27	(一)	
130	72—91	(五)	

第二十七组：

序号	起始页码	行次	答案
131	32—51	(三)	
132	6—25	(三)	
133	53—72	(四)	
134	14—33	(五)	
135	47—66	(二)	

第二十八组：

序号	起始页码	行次	答案
136	77—96	(三)	
137	30—49	(四)	
138	39—58	(三)	
139	16—35	(三)	
140	49—68	(一)	

第二十九组：

序号	起始页码	行次	答案
141	64—83	（四）	
142	42—61	（五）	
143	6—25	（二）	
144	12—31	（四）	
145	70—89	（一）	

第三十组：

序号	起始页码	行次	答案
146	22—41	（五）	
147	38—57	（一）	
148	27—46	（五）	
149	2—21	（三）	
150	42—61	（二）	

第三十一组：

序号	起始页码	行次	答案
151	41—60	（一）	
152	65—84	（一）	
153	34—53	（五）	
154	17—36	（一）	
155	29—48	（五）	

第三十二组：

序号	起始页码	行次	答案
156	25—44	（五）	
157	28—47	（四）	
158	74—93	（四）	
159	29—48	（二）	
160	37—56	（三）	

第三十三组：

序号	起始页码	行次	答案
161	18—37	（四）	
162	1—20	（一）	
163	49—68	（四）	
164	30—49	（五）	
165	13—32	（五）	

第三十四组：

序号	起始页码	行次	答案
166	8—27	（三）	
167	67—86	（一）	
168	33—52	（二）	
169	59—78	（四）	
170	28—47	（三）	

第三十五组：

序号	起始页码	行次	答案
171	28—47	（五）	
172	75—94	（三）	
173	61—80	（五）	
174	2—21	（四）	
175	16—35	（二）	

第三十六组：

序号	起始页码	行次	答案
176	53—72	（二）	
177	17—36	（二）	
178	77—96	（五）	
179	66—85	（一）	
180	19—38	（二）	

第三十七组：

序号	起始页码	行次	答案
181	80—99	（五）	
182	32—51	（一）	
183	76—95	（三）	
184	69—88	（二）	
185	26—45	（四）	

第三十八组：

序号	起始页码	行次	答案
186	12—31	（二）	
187	35—54	（四）	
188	18—37	（二）	
189	18—37	（五）	
190	66—85	（四）	

第三十九组：

序号	起始页码	行次	答案
191	43—62	（一）	
192	19—38	（三）	
193	43—62	（二）	
194	12—31	（五）	
195	22—41	（三）	

第四十组：

序号	起始页码	行次	答案
196	36—55	（二）	
197	55—74	（四）	
198	38—57	（二）	
199	57—76	（一）	
200	31—50	（五）	

第四十一组：

序号	起始页码	行次	答案
201	78—97	（三）	
202	33—52	（一）	
203	54—73	（二）	
204	20—39	（一）	
205	26—45	（二）	

第四十二组：

序号	起始页码	行次	答案
206	50—69	（二）	
207	78—97	（四）	
208	49—68	（五）	
209	31—50	（二）	
210	19—38	（五）	

第四十三组：

序号	起始页码	行次	答案
211	34—53	（四）	
212	36—55	（五）	
213	3—22	（三）	
214	41—60	（四）	
215	53—72	（一）	

第四十四组：

序号	起始页码	行次	答案
216	7—26	（一）	
217	51—70	（五）	
218	75—94	（五）	
219	61—80	（一）	
220	58—77	（四）	

第四十五组：

序号	起始页码	行次	答案
221	23—42	（二）	
222	34—53	（一）	
223	37—56	（一）	
224	79—98	（五）	
225	60—79	（三）	

第四十六组：

序号	起始页码	行次	答案
226	51—70	（二）	
227	41—60	（三）	
228	50—69	（一）	
229	29—48	（一）	
230	17—36	（五）	

第四十七组：

序号	起始页码	行次	答案
231	32—51	（五）	
232	39—58	（一）	
233	30—49	（三）	
234	68—87	（二）	
235	12—31	（一）	

第四十八组：

序号	起始页码	行次	答案
236	38—57	（三）	
237	48—67	（五）	
238	60—79	（四）	
239	45—64	（四）	
240	23—42	（四）	

第四十九组：

序号	起始页码	行次	答案
241	70—89	（二）	
242	55—74	（五）	
243	59—78	（一）	
244	15—34	（三）	
245	36—55	（四）	

第五十组：

序号	起始页码	行次	答案
246	69—88	（一）	
247	76—95	（一）	
248	57—76	（四）	
249	41—60	（二）	
250	42—61	（一）	

第五十一组：

序号	起始页码	行次	答案
251	14—33	（二）	
252	39—58	（二）	
253	10—29	（一）	
254	62—81	（四）	
255	20—39	（五）	

第五十二组：

序号	起始页码	行次	答案
256	25—44	（四）	
257	52—71	（一）	
258	60—79	（五）	
259	48—67	（三）	
260	66—85	（二）	

第五十三组：

序号	起始页码	行次	答案
261	39—58	（五）	
262	10—29	（二）	
263	54—73	（一）	
264	19—38	（四）	
265	59—78	（二）	

第五十四组：

序号	起始页码	行次	答案
266	21—40	（四）	
267	4—23	（一）	
268	66—85	（五）	
269	69—88	（五）	
270	55—74	（三）	

第五十五组：

序号	起始页码	行次	答案
271	58—77	（二）	
272	38—57	（四）	
273	8—27	（二）	
274	74—93	（五）	
275	65—84	（五）	

第五十六组：

序号	起始页码	行次	答案
276	77—96	（二）	
277	13—32	（四）	
278	33—52	（三）	
279	20—39	（二）	
280	27—46	（二）	

第五十七组:

序号	起始页码	行次	答案
281	4—23	(四)	
282	31—50	(四)	
283	32—51	(二)	
284	15—34	(五)	
285	3—22	(四)	

第五十八组:

序号	起始页码	行次	答案
286	56—75	(五)	
287	70—89	(三)	
288	47—66	(五)	
289	59—78	(三)	
290	67—86	(五)	

第五十九组:

序号	起始页码	行次	答案
291	52—71	(三)	
292	81—100	(三)	
293	27—46	(一)	
294	3—22	(一)	
295	62—81	(五)	

第六十组:

序号	起始页码	行次	答案
296	21—40	(二)	
297	81—100	(五)	
298	72—91	(一)	
299	23—42	(五)	
300	48—67	(四)	

第六十一组：

序号	起始页码	行次	答案
301	34—53	(三)	
302	26—45	(三)	
303	64—83	(二)	
304	74—93	(三)	
305	48—67	(一)	

第六十二组：

序号	起始页码	行次	答案
306	5—24	(四)	
307	20—39	(三)	
308	7—26	(二)	
309	52—71	(二)	
310	1—20	(四)	

第六十三组：

序号	起始页码	行次	答案
311	80—99	(四)	
312	81—100	(四)	
313	71—90	(三)	
314	35—54	(一)	
315	46—65	(五)	

第六十四组：

序号	起始页码	行次	答案
316	62—81	(三)	
317	63—82	(二)	
318	15—34	(四)	
319	54—73	(四)	
320	22—41	(二)	

第六十五组：

序号	起始页码	行次	答案
321	62—81	（一）	
322	67—86	（二）	
323	9—28	（五）	
324	10—29	（五）	
325	7—26	（三）	

第六十六组：

序号	起始页码	行次	答案
326	43—62	（四）	
327	5—24	（一）	
328	33—52	（四）	
329	46—65	（四）	
330	76—95	（二）	

第六十七组：

序号	起始页码	行次	答案
331	51—70	（三）	
332	16—35	（一）	
333	46—65	（三）	
334	16—35	（五）	
335	62—81	（二）	

第六十八组：

序号	起始页码	行次	答案
336	57—76	（二）	
337	35—54	（二）	
338	11—30	（二）	
339	29—48	（四）	
340	72—91	（四）	

第六十九组：

序号	起始页码	行次	答案
341	46—65	（一）	
342	79—98	（一）	
343	13—32	（一）	
344	30—49	（二）	
345	10—29	（四）	

第七十组：

序号	起始页码	行次	答案
346	40—59	（一）	
347	43—62	（五）	
348	1—20	（三）	
349	28—47	（二）	
350	6—25	（五）	

第七十一组：

序号	起始页码	行次	答案
351	13—32	（二）	
352	35—54	（三）	
353	47—66	（三）	
354	81—100	（二）	
355	3—22	（五）	

第七十二组：

序号	起始页码	行次	答案
356	44—63	（三）	
357	9—28	（三）	
358	21—40	（三）	
359	8—27	（四）	
360	22—41	（四）	

第七十三组:

序号	起始页码	行次	答案
361	77—96	(四)	
362	71—90	(二)	
363	4—23	(三)	
364	12—31	(三)	
365	55—74	(二)	

第七十四组:

序号	起始页码	行次	答案
366	37—56	(二)	
367	44—63	(五)	
368	71—90	(四)	
369	60—79	(二)	
370	70—89	(四)	

第七十五组:

序号	起始页码	行次	答案
371	67—86	(四)	
372	49—68	(三)	
373	2—21	(二)	
374	52—71	(四)	
375	56—75	(三)	

第七十六组:

序号	起始页码	行次	答案
376	38—57	(五)	
377	3—22	(二)	
378	54—73	(三)	
379	7—26	(四)	
380	21—40	(一)	

第七十七组：

序号	起始页码	行次	答案
381	74—93	（一）	
382	42—61	（三）	
383	36—55	（三）	
384	65—84	（三）	
385	25—44	（三）	

第七十八组：

序号	起始页码	行次	答案
386	8—27	（五）	
387	76—95	（五）	
388	9—28	（四）	
389	75—94	（四）	
390	40—59	（二）	

第七十九组：

序号	起始页码	行次	答案
391	28—47	（一）	
392	45—64	（一）	
393	41—60	（五）	
394	1—20	（五）	
395	50—69	（五）	

第八十组：

序号	起始页码	行次	答案
396	64—83	（一）	
397	24—43	（二）	
398	63—82	（五）	
399	16—35	（四）	
400	70—89	（五）	

第八十一组：

序号	起始页码	行次	答案
401	61—80	（二）	
402	24—43	（五）	
403	48—67	（二）	
404	31—50	（三）	
405	75—94	（二）	

第三套传票：

全国技术比赛
百张传票算题
（五排C）

全国统一标准技术比赛 （传票）

1

（一）	325 412.23
（二）	3 581.65
（三）	36.07
（四）	657.14
（五）	5 126.73

全国统一标准技术比赛 （传票）

2

（一）	351.26
（二）	31 427.65
（三）	18.27
（四）	12 635.25
（五）	1 618 235.59

全国统一标准技术比赛 （传票）

3

（一）	269.41
（二）	89.62
（三）	5 312.58
（四）	526 091.34
（五）	73 197.51

全国统一标准技术比赛

（传票）

4

（一）	159 429.13
（二）	385.62
（三）	4 742 647.25
（四）	3 257.48
（五）	524 346.91

全国统一标准技术比赛

（传票）

5

（一）	371.59
（二）	94 751 26
（三）	365.28
（四）	354 238.17
（五）	6 243 419.85

全国统一标准技术比赛

（传票）

6

（一）	5 412.67
（二）	5 213 756.84
（三）	6 482.36
（四）	49 923.25
（五）	340 541.83

全国统一标准技术比赛

（传票）

7

（一）	892.53
（二）	4 236.87
（三）	3 546.59
（四）	9 256 430.56
（五）	76 328.45

全国统一标准技术比赛

（传票）

8

（一）	7 531.69
（二）	34 652.78
（三）	218 521.46
（四）	76 916.28
（五）	254.37

全国统一标准技术比赛

（传票）

9

（一）	54.06
（二）	756.18
（三）	64 178.25
（四）	3 165.97
（五）	213 618.57

全国统一标准技术比赛

（传票）

10

(一)	42.83
(二)	349 872.46
(三)	31 952.69
(四)	658.74
(五)	617 539.76

全国统一标准技术比赛

（传票）

11

(一)	2 518 378 61
(二)	365.43
(三)	8 974.62
(四)	44.97
(五)	5 253.94

全国统一标准技术比赛

（传票）

12

(一)	635.67
(二)	26 294.35
(三)	76.15
(四)	78 432.55
(五)	325 968.24

全国统一标准技术比赛

（传票）

13

(一)	743 826.59
(二)	82.75
(三)	324.78
(四)	267 809.54
(五)	4 573.16

全国统一标准技术比赛

（传票）

14

(一)	619.43
(二)	5,149.72
(三)	3 864 223.84
(四)	46 125.42
(五)	457 984.76

全国统一标准技术比赛

（传票）

15

(一)	72 350.93
(二)	459 872.61
(三)	238.57
(四)	3 429.78
(五)	2 138 528.25

全国统一标准技术比赛 (传票)

16

(一)	3 526.47
(二)	3 605 132.29
(三)	284 753.26
(四)	641.52
(五)	65 482.39

全国统一标准技术比赛 (传票)

17

(一)	62 378.95
(二)	8 724.36
(三)	421 365.79
(四)	2 691 583.74
(五)	259.13

全国统一标准技术比赛 (传票)

18

(一)	5 165.37
(二)	47 526.14
(三)	5 461.82
(四)	128.96
(五)	72 543.61

全国统一标准技术比赛 (传票)

19

(一)	75.65
(二)	418 379.56
(三)	46 125.78
(四)	6 514.32
(五)	158.67

全国统一标准技术比赛 (传票)

20

(一)	154 263.97
(二)	786.24
(三)	19 548.36
(四)	125 348.95
(五)	19.18

全国统一标准技术比赛 (传票)

21

(一)	25.39
(二)	356 128.57
(三)	21 364.85
(四)	723.61
(五)	514 268.42

全国统一标准技术比赛（传票）

22

（一）	235.81
（二）	398 471.65
（三）	51 246.78
（四）	5 325.84
（五）	53.26

全国统一标准技术比赛（传票）

23

（一）	42 573.16
（二）	295.67
（三）	4 302.45
（四）	29 258.44
（五）	3 271.69

全国统一标准技术比赛（传票）

24

（一）	951.26
（二）	5 362 147.23
（三）	389 157.62
（四）	9 327.51
（五）	31 586.47

全国统一标准技术比赛（传票）

25

（一）	62 367.12
（二）	801.37
（三）	268 543.69
（四）	1 035 712.28
（五）	6 215.87

全国统一标准技术比赛（传票）

26

（一）	5 231 528.73
（二）	6 271.48
（三）	357.19
（四）	712 543.62
（五）	26 598.31

全国统一标准技术比赛（传票）

27

（一）	7 253.41
（二）	183 527.46
（三）	915.83
（四）	52.78
（五）	719 358.64

28

全国统一标准技术比赛

（传票）

（一）	217 953.21
（二）	47 312.56
（三）	92.38
（四）	81 372.59
（五）	297.35

29

全国统一标准技术比赛

（传票）

（一）	3 265.27
（二）	52.86
（三）	6 318.57
（四）	729.48
（五）	5 389 176.54

30

全国统一标准技术比赛

（传票）

（一）	69.57
（二）	723 564.81
（三）	37 604.28
（四）	357.19
（五）	273 501.43

31

全国统一标准技术比赛

（传票）

（一）	258.36
（二）	1 873.58
（三）	32 472.76
（四）	312 659.42
（五）	25.67

32

全国统一标准技术比赛

（传票）

（一）	851 736.28
（二）	37 512.69
（三）	9 357 651.24
（四）	5 213.87
（五）	356.23

33

全国统一标准技术比赛

（传票）

（一）	53 964.18
（二）	347.15
（三）	1 587.94
（四）	21 638.59
（五）	8 425.67

全国统一标准技术比赛

(传票)

34

(一)	659.38
(二)	5 143 981.56
(三)	674 318.92
(四)	3 256.47
(五)	46 382.39

全国统一标准技术比赛

(传票)

35

(一)	78 203 67
(二)	568 49
(三)	371 592.58
(四)	9 526 153.42
(五)	4 247.36

全国统一标准技术比赛

(传票)

36

(一)	7 376 548.27
(二)	6 387.24
(三)	653.81
(四)	831 596.47
(五)	74 115.89

全国统一标准技术比赛

(传票)

37

(一)	546 213.88
(二)	84 347.2
(三)	5 712 338.42
(四)	7 921.58
(五)	653.47

全国统一标准技术比赛

(传票)

38

(一)	2 564.29
(二)	852 307.48
(三)	539.74
(四)	68.21
(五)	378 213.68

全国统一标准技术比赛

(传票)

39

(一)	302 218.75
(二)	35 612.67
(三)	39.47
(四)	64 291.85
(五)	926.53

40

全国统一标准技术比赛

(传票)

(一)	8 125.36
(二)	31 08
(三)	6 258.17
(四)	806 34
(五)	6 918 352 62

41

全国统一标准技术比赛

(传票)

(一)	5 876.81
(二)	36.59
(三)	7 028.65
(四)	572.49
(五)	35 479.26

42

全国统一标准技术比赛

(传票)

(一)	92.85
(二)	65 379.28
(三)	587 331.61
(四)	712 258.37
(五)	29.31

43

全国统一标准技术比赛

(传票)

(一)	563.28
(二)	231 542.65
(三)	3 652.42
(四)	658.73
(五)	4 739.84

44

全国统一标准技术比赛

(传票)

(一)	3 281 566.47
(二)	41 258.67
(三)	258 412.85
(四)	35 285.64
(五)	612 387.52

45

全国统一标准技术比赛

(传票)

(一)	387.51
(二)	6 523.42
(三)	3 210 568.75
(四)	4 183.67
(五)	7 391 258.46

全国统一标准技术比赛

（传票）

46

(一) 357 213.85

(二) 285.41

(三) 31 876.84

(四) 36 852.49

(五) 2 183.54

全国统一标准技术比赛

（传票）

47

(一) 952 396.45

(二) 8 753.691.83

(三) 715.86

(四) 3 168.57

(五) 57 915.18

全国统一标准技术比赛

（传票）

48

(一) 6 521.72

(二) 879.25

(三) 35 471.29

(四) 5 412 356.8

(五) 532.76

全国统一标准技术比赛

（传票）

49

(一) 25 364.82

(二) 6 871.29

(三) 379.35

(四) 310 258.94

(五) 356.47

全国统一标准技术比赛

（传票）

50

(一) 35 056.57

(二) 397 512.75

(三) 58.72

(四) 4 291 356.43

(五) 542.81

全国统一标准技术比赛

（传票）

51

(一) 5 073.91

(二) 25.49

(三) 4 715.68

(四) 819.34

(五) 21 543.62

全国统一标准技术比赛

（传票）

52

（一）	68.92
（二）	65 287.34
（三）	592 312.56
（四）	356 289.47
（五）	31.56

全国统一标准技术比赛

（传票）

53

（一）	217.63
（二）	817 326.85
（三）	8 275.31
（四）	317.85
（五）	5 273.46

全国统一标准技术比赛

（传票）

54

（一）	7 216 954.23
（二）	61 743.82
（三）	579 311.74
（四）	65 537.69
（五）	968 573.64

全国统一标准技术比赛

（传票）

55

（一）	594.73
（二）	2 356.84
（三）	8 521 697.23
（四）	4 289.37
（五）	3 897 682.59

全国统一标准技术比赛

（传票）

56

（一）	637 284.12
（二）	338.75
（三）	96 596.47
（四）	58.71
（五）	518 756.38

全国统一标准技术比赛

（传票）

57

（一）	821 465.37
（二）	3 289 564.28
（三）	851.59
（四）	2 534.71
（五）	64 329.68

全国统一标准技术比赛

（传票）

58

（一）	2 793. 58
（二）	391. 76
（三）	87 297. 83
（四）	39. 58
（五）	401 356. 46

全国统一标准技术比赛

（传票）

59

（一）	21 821. 56
（二）	4 742. 38
（三）	996. 25
（四）	387 246. 52
（五）	860. 37

全国统一标准技术比赛

（传票）

60

（一）	34 188. 99
（二）	851 397. 53
（三）	47. 68
（四）	74 298. 57
（五）	5 369. 84

全国统一标准技术比赛

（传票）

61

（一）	2 561. 84
（二）	3 985 175. 36
（三）	5 496. 87
（四）	658 743. 56
（五）	874. 92

全国统一标准技术比赛

（传票）

62

（一）	7 963 582. 43
（二）	39 674. 58
（三）	86 298. 37
（四）	8 588. 13
（五）	697 532. 16

全国统一标准技术比赛

（传票）

63

（一）	4 563 689. 71
（二）	985. 24
（三）	9 325. 86
（四）	72 316. 58
（五）	2 532. 45

全国统一标准技术比赛

（传票）

64

（一）	587.34
（二）	75 265.28
（三）	85 471.56
（四）	368 142.92
（五）	356.63

全国统一标准技术比赛

（传票）

65

（一）	95.28
（二）	257.46
（三）	521 452.36
（四）	3 524.69
（五）	653.87

全国统一标准技术比赛

（传票）

66

（一）	9 293.56
（二）	6 058 456.32
（三）	36 563.81
（四）	583 129.96
（五）	37 258.16

全国统一标准技术比赛

（传票）

67

（一）	271 061.59
（二）	752.31
（三）	4 465.32
（四）	1 578 316.54
（五）	3 865.72

全国统一标准技术比赛

（传票）

68

（一）	6 805 398.25
（二）	563 285.64
（三）	271.63
（四）	87 123.57
（五）	502 475.36

全国统一标准技术比赛

（传票）

69

（一）	5 756.38
（二）	621 852.49
（三）	8 542 365.78
（四）	269.34
（五）	6 452.31

70

全国统一标准技术比赛

（传票）

(一)	35 485.27
(二)	2 078.39
(三)	387.46
(四)	79 216.58
(五)	59.62

71

全国统一标准技术比赛

（传票）

(一)	851 369.24
(二)	63 536.92
(三)	7 308.56
(四)	354.82
(五)	387 156.28

72

全国统一标准技术比赛

（传票）

(一)	918.52
(二)	36 259.83
(三)	369 814.79
(四)	51.27
(五)	21 358.74

73

全国统一标准技术比赛

（传票）

(一)	6 325.81
(二)	586.09
(三)	25 189.64
(四)	45.29
(五)	52 764.35

74

全国统一标准技术比赛

（传票）

(一)	952 456.38
(二)	247 052.69
(三)	35.26
(四)	935.64
(五)	205 687.43

75

全国统一标准技术比赛

（传票）

(一)	4 325.61
(二)	567.28
(三)	8 301.56
(四)	7 296 354.68
(五)	67 285.93

全国统一标准技术比赛

（传票）

76

（一）	178 268.49
（二）	2 564 385.98
（三）	681.28
（四）	6 547 19
（五）	80.56

全国统一标准技术比赛

（传票）

77

（一）	526.37
（二）	574 023.56
（三）	853.62
（四）	54 298.34
（五）	215 631.59

全国统一标准技术比赛

（传票）

78

（一）	32.59
（二）	6 256 325.48
（三）	345.82
（四）	6 715.24
（五）	39.74

全国统一标准技术比赛

（传票）

79

（一）	3 285.67
（二）	372.49
（三）	35 874.65
（四）	69.24
（五）	63 851.76

全国统一标准技术比赛

（传票）

80

（一）	669 576.84
（二）	58.27
（三）	374 205.65
（四）	36 856.26
（五）	8 654.72

全国统一标准技术比赛

（传票）

81

（一）	2 485 365.89
（二）	97 259.68
（三）	321 824.97
（四）	652.41
（五）	5 852.72

82

全国统一标准技术比赛

（传票）

（一）	215.96
（二）	65.84
（三）	3 298.62
（四）	8 712.56
（五）	8 249 326.54

83

全国统一标准技术比赛

（传票）

（一）	562.87
（二）	7 126.59
（三）	32 856.14
（四）	6 597 356.17
（五）	34.18

84

全国统一标准技术比赛

（传票）

（一）	615 283.94
（二）	21 356.28
（三）	369.21
（四）	419 308.25
（五）	35 916.57

85

全国统一标准技术比赛

（传票）

（一）	312.95
（二）	5 372.49
（三）	4 271.83
（四）	91 325.46
（五）	3 125 876.52

86

全国统一标准技术比赛

（传票）

（一）	6 352.47
（二）	61 258.76
（三）	529.07
（四）	521 753.26
（五）	21 856.93

87

全国统一标准技术比赛

（传票）

（一）	54.27
（二）	326 875.41
（三）	571 258.69
（四）	63.25
（五）	57 153.78

全国统一标准技术比赛 （传票） 88

（一）	751.28
（二）	7 492.73
（三）	958 763.12
（四）	89.65
（五）	6 143.57

全国统一标准技术比赛 （传票） 89

（一）	625 384.71
（二）	65 235.82
（三）	65.92
（四）	2 569.43
（五）	285.36

全国统一标准技术比赛 （传票） 90

（一）	731 589.64
（二）	176 352.49
（三）	5 829 065.74
（四）	8,426.35
（五）	732.86

全国统一标准技术比赛 （传票） 91

（一）	278 563.74
（二）	837.56
（三）	273.15
（四）	6 521.47
（五）	69 087.83

全国统一标准技术比赛 （传票） 92

（一）	9 213 532.72
（二）	832 456.39
（三）	72 325.62
（四）	76.39
（五）	251 318.91

全国统一标准技术比赛 （传票） 93

（一）	7 532.625.43
（二）	65 382.74
（三）	619.87
（四）	791 602 58
（五）	6 873.25

94

全国统一标准技术比赛

（传票）

（一） 296.37

（二） 86.46

（三） 3 654.85

（四） 2 354.18

（五） 6 832 451.69

95

全国统一标准技术比赛

（传票）

（一） 230.57

（二） 5 462.81

（三） 57 215.94

（四） 4 205 365.26

（五） 58.37

96

全国统一标准技术比赛

（传票）

（一） 247 174.35

（二） 92 253.68

（三） 287.13

（四） 825 316.85

（五） 52 741.89

97

全国统一标准技术比赛

（传票）

（一） 57 142.39

（二） 9 576.48

（三） 35.79

（四） 502 369.42

（五） 7 256.38

98

全国统一标准技术比赛

（传票）

（一） 31 852.46

（二） 387 562.59

（三） 358.27

（四） 529 378.52

（五） 4 389.14

99

全国统一标准技术比赛

（传票）

（一） 25 369.81

（二） 81 365.94

（三） 6 532.871.48

（四） 928.35

（五） 7 591.52

全国统一标准技术比赛

（传票）

100	
（一）	851 546.37
（二）	356.82
（三）	50 346.26
（四）	381.29
（五）	76.54

第一组：

序号	起始页码	行次	答案
1	40—59	(三)	
2	8—27	(四)	
3	81—100	(二)	
4	53—72	(二)	
5	13—32	(三)	

第二组：

序号	起始页码	行次	答案
6	50—69	(二)	
7	68—87	(二)	
8	1—20	(二)	
9	11—30	(五)	
10	37—56	(四)	

第三组：

序号	起始页码	行次	答案
11	54—73	(一)	
12	4—23	(三)	
13	77—96	(一)	
14	41—60	(四)	
15	56—75	(五)	

第四组：

序号	起始页码	行次	答案
16	68—87	(一)	
17	47—66	(一)	
18	76—95	(一)	
19	27—46	(一)	
20	12—31	(二)	

第五组：

序号	起始页码	行次	答案
21	81—100	（五）	
22	7—26	（五）	
23	11—30	（二）	
24	41—60	（二）	
25	43—62	（四）	

第六组：

序号	起始页码	行次	答案
26	34—53	（一）	
27	16—35	（五）	
28	54—73	（五）	
29	12—31	（三）	
30	42—61	（五）	

第七组：

序号	起始页码	行次	答案
31	72—91	（二）	
32	22—41	（三）	
33	13—32	（五）	
34	27—46	（四）	
35	48—67	（四）	

第八组：

序号	起始页码	行次	答案
36	79—98	（一）	
37	50—69	（四）	
38	60—79	（四）	
39	72—91	（四）	
40	54—73	（四）	

第九组：

序号	起始页码	行次	答案
41	31—50	（五）	
42	6—25	（二）	
43	70—89	（二）	
44	63—82	（五）	
45	31—50	（四）	

第十组：

序号	起始页码	行次	答案
46	15—34	（五）	
47	65—84	（三）	
48	78—97	（四）	
49	35—54	（三）	
50	28—47	（二）	

第十一组：

序号	起始页码	行次	答案
51	36—55	（一）	
52	28—47	（四）	
53	9—28	（一）	
54	59—78	（三）	
55	11—30	（一）	

第十二组：

序号	起始页码	行次	答案
56	62—81	（二）	
57	55—74	（三）	
58	14—33	（五）	
59	51—70	（二）	
60	74—93	（一）	

第十三组：

序号	起始页码	行次	答案
61	25—44	（二）	
62	45—64	（三）	
63	2—21	（二）	
64	35—54	（二）	
65	24—43	（三）	

第十四组：

序号	起始页码	行次	答案
66	4—23	（四）	
67	69—88	（三）	
68	40—59	（二）	
69	48—67	（二）	
70	44—63	（五）	

第十五组：

序号	起始页码	行次	答案
71	36—55	（五）	
72	49—68	（五）	
73	3—22	（五）	
74	70—89	（五）	
75	26—45	（二）	

第十六组：

序号	起始页码	行次	答案
76	73—92	（二）	
77	44—63	（三）	
78	46—65	（四）	
79	74—93	（四）	
80	64—83	（一）	

第十七组：

序号	起始页码	行次	答案
81	62—81	（五）	
82	14—33	（一）	
83	49—68	（四）	
84	60—79	（三）	
85	8—27	（二）	

第十八组：

序号	起始页码	行次	答案
86	7—26	（二）	
87	79—98	（三）	
88	60—79	（一）	
89	24—43	（四）	
90	2—21	（五）	

第十九组：

序号	起始页码	行次	答案
91	63—82	（四）	
92	72—91	（五）	
93	12—31	（四）	
94	52—71	（二）	
95	38—57	（一）	

第二十组：

序号	起始页码	行次	答案
96	33—52	（五）	
97	78—97	（五）	
98	31—50	（一）	
99	58—77	（三）	
100	57—76	（一）	

第二十一组：

序号	起始页码	行次	答案
101	66—85	（四）	
102	7—26	（三）	
103	21—40	（四）	
104	59—78	（一）	
105	77—96	（二）	

第二十二组：

序号	起始页码	行次	答案
106	61—80	（五）	
107	26—45	（一）	
108	23—42	（二）	
109	42—61	（一）	
110	40—59	（四）	

第二十三组：

序号	起始页码	行次	答案
111	6—25	（四）	
112	65—84	（五）	
113	16—35	（三）	
114	77—96	（三）	
115	79—98	（四）	

第二十四组：

序号	起始页码	行次	答案
116	1—20	（一）	
117	36—55	（二）	
118	78—97	（二）	
119	55—74	（一）	
120	71—90	（二）	

第二十五组：

序号	起始页码	行次	答案
121	39—58	（二）	
122	78—97	（三）	
123	69—88	（四）	
124	51—70	（四）	
125	45—64	（二）	

第二十六组：

序号	起始页码	行次	答案
126	56—75	（一）	
127	81—100	（三）	
128	36—55	（三）	
129	22—41	（二）	
130	57—76	（三）	

第二十七组：

序号	起始页码	行次	答案
131	26—45	（三）	
132	24—43	（五）	
133	8—27	（五）	
134	48—67	（五）	
135	30—49	（三）	

第二十八组：

序号	起始页码	行次	答案
136	17—36	（一）	
137	51—70	（一）	
138	70—89	（一）	
139	36—55	（四）	
140	24—43	（一）	

第二十九组：

序号	起始页码	行次	答案
141	6—25	（一）	
142	21—40	（一）	
143	14—33	（四）	
144	64—83	（四）	
145	42—61	（四）	

第三十组：

序号	起始页码	行次	答案
146	37—56	（三）	
147	38—57	（五）	
148	30—49	（五）	
149	10—29	（一）	
150	55—74	（五）	

第三十一组：

序号	起始页码	行次	答案
151	40—59	（一）	
152	32—51	（三）	
153	39—58	（三）	
154	63—82	（二）	
155	57—76	（四）	

第三十二组：

序号	起始页码	行次	答案
156	23—42	（三）	
157	16—35	（四）	
158	77—96	（五）	
159	31—50	（二）	
160	3—22	（二）	

第三十三组：

序号	起始页码	行次	答案
161	38—57	（四）	
162	21—40	（二）	
163	29—48	（一）	
164	75—94	（一）	
165	26—45	（四）	

第三十四组：

序号	起始页码	行次	答案
166	79—98	（五）	
167	33—52	（四）	
168	2—21	（一）	
169	9—28	（三）	
170	76—95	（五）	

第三十五组：

序号	起始页码	行次	答案
171	46—65	（二）	
172	4—23	（五）	
173	25—44	（三）	
174	66—85	（一）	
175	35—54	（一）	

第三十六组：

序号	起始页码	行次	答案
176	80—99	（四）	
177	32—51	（五）	
178	49—68	（三）	
179	38—57	（二）	
180	20—39	（四）	

第三十七组：

序号	起始页码	行次	答案
181	3—22	（一）	
182	57—76	（二）	
183	3—22	（四）	
184	50—69	（一）	
185	43—62	（二）	

第三十八组：

序号	起始页码	行次	答案
186	40—59	（五）	
187	25—44	（五）	
188	1—20	（五）	
189	46—65	（五）	
190	25—44	（一）	

第三十九组：

序号	起始页码	行次	答案
191	80—99	（二）	
192	7—26	（四）	
193	58—77	（一）	
194	61—80	（三）	
195	5—24	（三）	

第四十组：

序号	起始页码	行次	答案
196	75—94	（二）	
197	33—52	（二）	
198	9—28	（四）	
199	65—84	（一）	
200	75—94	（五）	

第四十一组：

序号	起始页码	行次	答案
201	5—24	（一）	
202	17—36	（五）	
203	78—97	（一）	
204	44—63	（四）	
205	65—84	（四）	

第四十二组：

序号	起始页码	行次	答案
206	13—32	（二）	
207	12—31	（五）	
208	44—63	（二）	
209	20—39	（三）	
210	5—24	（二）	

第四十三组：

序号	起始页码	行次	答案
211	6—25	（五）	
212	18—37	（五）	
213	59—78	（五）	
214	46—65	（三）	
215	66—85	（三）	

第四十四组：

序号	起始页码	行次	答案
216	47—66	（四）	
217	44—63	（一）	
218	47—66	（二）	
219	73—92	（四）	
220	60—79	（五）	

第四十五组：

序号	起始页码	行次	答案
221	73—92	（三）	
222	77—96	（四）	
223	35—54	（五）	
224	72—91	（一）	
225	20—39	（二）	

第四十六组：

序号	起始页码	行次	答案
226	3—22	（三）	
227	25—44	（四）	
228	45—64	（五）	
229	34—53	（五）	
230	31—50	（三）	

第四十七组：

序号	起始页码	行次	答案
231	17—36	（二）	
232	58—77	（二）	
233	43—62	（三）	
234	41—60	（三）	
235	73—92	（一）	

第四十八组：

序号	起始页码	行次	答案
236	76—95	（三）	
237	5—24	（四）	
238	53—72	（四）	
239	23—42	（一）	
240	41—60	（一）	

第四十九组：

序号	起始页码	行次	答案
241	18—37	（一）	
242	58—77	（五）	
243	12—31	（一）	
244	4—23	（二）	
245	71—90	（五）	

第五十组：

序号	起始页码	行次	答案
246	76—95	（二）	
247	68—87	（五）	
248	15—34	（二）	
249	28—47	（三）	
250	29—48	（三）	

第五十一组：

序号	起始页码	行次	答案
251	5—24	（五）	
252	45—64	（一）	
253	48—67	（三）	
254	10—29	（四）	
255	19—38	（四）	

第五十二组：

序号	起始页码	行次	答案
256	49—68	（一）	
257	8—27	（三）	
258	69—88	（一）	
259	33—52	（三）	
260	80—99	（一）	

第五十三组：

序号	起始页码	行次	答案
261	9—28	（五）	
262	22—41	（五）	
263	39—58	（五）	
264	56—75	（二）	
265	51—70	（五）	

第五十四组：

序号	起始页码	行次	答案
266	62—81	（三）	
267	47—66	（三）	
268	26—45	（五）	
269	39—58	（一）	
270	53—72	（五）	

第五十五组：

序号	起始页码	行次	答案
271	48—67	（一）	
272	59—78	（二）	
273	9—28	（二）	
274	47—66	（五）	
275	27—46	（五）	

第五十六组：

序号	起始页码	行次	答案
276	58—77	（四）	
277	67—86	（五）	
278	14—33	（二）	
279	42—61	（三）	
280	75—94	（三）	

第五十七组：

序号	起始页码	行次	答案
281	6—25	(三)	
282	65—84	(二)	
283	13—32	(四)	
284	79—98	(二)	
285	61—80	(一)	

第五十八组：

序号	起始页码	行次	答案
286	66—85	(二)	
287	49—68	(二)	
288	67—86	(三)	
289	52—71	(四)	
290	28—47	(五)	

第五十九组：

序号	起始页码	行次	答案
291	72—91	(三)	
292	10—29	(二)	
293	75—94	(四)	
294	24—43	(二)	
295	50—69	(三)	

第六十组：

序号	起始页码	行次	答案
296	10—29	(五)	
297	1—20	(三)	
298	30—49	(一)	
299	37—56	(五)	
300	22—41	(一)	

第六十一组：

序号	起始页码	行次	答案
301	67—86	（二）	
302	32—51	（二）	
303	81—100	（一）	
304	28—47	（一）	
305	41—60	（五）	

第六十二组：

序号	起始页码	行次	答案
306	27—46	（二）	
307	18—37	（三）	
308	21—40	（三）	
309	64—83	（三）	
310	34—53	（四）	

第六十三组：

序号	起始页码	行次	答案
311	30—49	（二）	
312	7—26	（一）	
313	52—71	（三）	
314	17—36	（三）	
315	68—87	（三）	

第六十四组：

序号	起始页码	行次	答案
316	67—86	（一）	
317	55—74	（二）	
318	74—93	（二）	
319	27—46	（三）	
320	16—35	（一）	

第六十五组：

序号	起始页码	行次	答案
321	18—37	（四）	
322	46—65	（一）	
323	61—80	（四）	
324	52—71	（五）	
325	80—99	（三）	

第六十六组：

序号	起始页码	行次	答案
326	43—62	（一）	
327	39—58	（四）	
328	56—75	（四）	
329	67—86	（四）	
330	32—51	（四）	

第六十七组：

序号	起始页码	行次	答案
331	34—53	（三）	
332	56—75	（三）	
333	53—72	（一）	
334	45—64	（四）	
335	61—80	（二）	

第六十八组：

序号	起始页码	行次	答案
336	64—83	（五）	
337	71—90	（四）	
338	63—82	（三）	
339	11—30	（三）	
340	34—53	（二）	

第六十九组：

序号	起始页码	行次	答案
341	74—93	（五）	
342	8—27	（一）	
343	32—51	（一）	
344	57—76	（五）	
345	20—39	（五）	

第七十组：

序号	起始页码	行次	答案
346	35—54	（四）	
347	70—89	（三）	
348	38—57	（三）	
349	62—81	（一）	
350	33—52	（一）	

第七十一组：

序号	起始页码	行次	答案
351	14—33	（三）	
352	19—38	（二）	
353	54—73	（三）	
354	23—42	（五）	
355	51—70	（三）	

第七十二组：

序号	起始页码	行次	答案
356	80—99	（五）	
357	69—88	（二）	
358	42—61	（二）	
359	15—34	（三）	
360	29—48	（二）	

第七十三组：

序号	起始页码	行次	答案
361	59—78	（四）	
362	16—35	（二）	
363	1—20	（四）	
364	19—38	（五）	
365	71—90	（三）	

第七十四组：

序号	起始页码	行次	答案
366	64—83	（二）	
367	29—48	（五）	
368	68—87	（四）	
369	73—92	（五）	
370	23—42	（四）	

第七十五组：

序号	起始页码	行次	答案
371	19—38	（三）	
372	54—73	（二）	
373	55—74	（四）	
374	71—90	（一）	
375	13—32	（一）	

第七十六组：

序号	起始页码	行次	答案
376	50—69	（五）	
377	66—85	（五）	
378	81—100	（四）	
379	37—56	（二）	
380	19—38	（一）	

第七十七组：

序号	起始页码	行次	答案
381	30—49	（四）	
382	43—62	（五）	
383	37—56	（一）	
384	4—23	（一）	
385	18—37	（二）	

第七十八组：

序号	起始页码	行次	答案
386	21—40	（五）	
387	10—29	（三）	
388	60—79	（二）	
389	76—95	（四）	
390	70—89	（四）	

第七十九组：

序号	起始页码	行次	答案
391	15—34	（四）	
392	69—88	（五）	
393	52—71	（一）	
394	22—41	（四）	
395	17—36	（四）	

第八十组：

序号	起始页码	行次	答案
396	62—81	（四）	
397	20—39	（一）	
398	15—34	（一）	
399	11—30	（四）	
400	74—93	（三）	

第八十一组：

序号	起始页码	行次	答案
401	63—82	（一）	
402	2—21	（三）	
403	29—48	（四）	
404	2—21	（四）	
405	53—72	（三）	

第四套传票：

全国技术比赛
百张传票算题
（五排D）

全国统一标准技术比赛（传票）

1	
（一）	25 843.67
（二）	329.18
（三）	9 356.42
（四）	12.98
（五）	2 430 810.56

全国统一标准技术比赛（传票）

2	
（一）	412 596.38
（二）	4 763.15
（三）	593 218.46
（四）	32 817.59
（五）	496.72

全国统一标准技术比赛（传票）

3	
（一）	3 758.62
（二）	241.59
（三）	89 657.43
（四）	634 879.15
（五）	74.03

4

全国统一标准技术比赛

（传票）

（一）	5 420 107.39
（二）	26 843.75
（三）	567.14
（四）	825 937.46
（五）	4 368.27

5

全国统一标准技术比赛

（传票）

（一）	628.53
（二）	875 639.12
（三）	3 024 518.06
（四）	3 145.92
（五）	328 615.47

6

全国统一标准技术比赛

（传票）

（一）	628 531.49
（二）	2 503 610.78
（三）	7 219.36
（四）	312.48
（五）	2 158.34

7

全国统一标准技术比赛

（传票）

（一）	295.16
（二）	36.26
（三）	38 642.59
（四）	9 860 107.45
（五）	625 149.83

8

全国统一标准技术比赛

（传票）

（一）	73.25
（二）	4 918.63
（三）	258 473.96
（四）	19 342.58
（五）	964.32

9

全国统一标准技术比赛

（传票）

（一）	2 437.68
（二）	34 972.56
（三）	325.14
（四）	5 276.34
（五）	52 369.48

全国统一标准技术比赛

（传票）

10

（一）	56 398.12
（二）	391 276.45
（三）	56.18
（四）	531.42
（五）	26 593.71

全国统一标准技术比赛

（传票）

11

（一）	57 624.38
（二）	368.12
（三）	8 456.39
（四）	97.85
（五）	9 045 741.02

全国统一标准技术比赛

（传票）

12

（一）	852 169.47
（二）	6 239.78
（三）	968 374.12
（四）	67 159.23
（五）	598.47

全国统一标准技术比赛

（传票）

13

（一）	2 456.93
（二）	698.37
（三）	97 654.81
（四）	357 149.86
（五）	63.25

全国统一标准技术比赛

（传票）

14

（一）	6 105 907.32
（二）	69 741.35
（三）	369.25
（四）	789 654.23
（五）	5 168.27

全国统一标准技术比赛

（传票）

15

（一）	687.25
（二）	456 987.32
（三）	2 036 509.78
（四）	6 753.14
（五）	398 562.47

16

全国统一标准技术比赛

(传票)

(一)	798 653.12
(二)	1 036 089.57
(三)	2 369.58
(四)	951.26
(五)	3 147.59

17

全国统一标准技术比赛

(传票)

(一)	368.25
(二)	47.39
(三)	36 582.47
(四)	3 459 087.04
(五)	582 147.69

18

全国统一标准技术比赛

(传票)

(一)	19.58
(二)	5 269.41
(三)	687 325.94
(四)	87 364.59
(五)	687.25

19

全国统一标准技术比赛

(传票)

(一)	3 125.79
(二)	25 369.14
(三)	257.96
(四)	3 459.78
(五)	35 689.47

20

全国统一标准技术比赛

(传票)

(一)	65 982.73
(二)	698 257.14
(三)	35.27
(四)	315.29
(五)	36 158.92

21

全国统一标准技术比赛

(传票)

(一)	98 257.36
(二)	876 543.12
(三)	77.19
(四)	657.48
(五)	93 781.25

22

全国统一标准技术比赛

（传票）

（一）	265 974.13
（二）	6 154.32
（三）	324 021.68
（四）	43 598.21
（五）	213.76

23

全国统一标准技术比赛

（传票）

（一）	639.85
（二）	327 491.56
（三）	7 156 204.93
（四）	3 256.49
（五）	794 326.17

24

全国统一标准技术比赛

（传票）

（一）	587.14
（二）	871 259.36
（三）	1 205 309.68
（四）	5 489.27
（五）	258 147.36

25

全国统一标准技术比赛

（传票）

（一）	56 249.37
（二）	314 205.86
（三）	38.14
（四）	598.73
（五）	13 687.95

26

全国统一标准技术比赛

（传票）

（一）	937 152.64
（二）	9 513 129.87
（三）	8 746.25
（四）	271.36
（五）	5 392.87

27

全国统一标准技术比赛

（传票）

（一）	152.98
（二）	63.07
（三）	37 698.25
（四）	4 730 159.56
（五）	751 362.48

全国统一标准技术比赛

（传票）

28

（一）	79.15
（二）	2 859.76
（三）	281 492.57
（四）	57 109.43
（五）	234.19

全国统一标准技术比赛

（传票）

29

（一）	2 169.89
（二）	258.16
（三）	96 158.37
（四）	985 167.43
（五）	52.48

全国统一标准技术比赛

（传票）

30

（一）	2 893.15
（二）	43 917.65
（三）	275.36
（四）	5 329.86
（五）	16 937.28

全国统一标准技术比赛

（传票）

31

（一）	8 372.49
（二）	126.97
（三）	37 514.28
（四）	291 408.35
（五）	73.54

全国统一标准技术比赛

（传票）

32

（一）	31 289.45
（二）	374.52
（三）	6 793.27
（四）	89.16
（五）	8 713 064.09

全国统一标准技术比赛

（传票）

33

（一）	65 289.47
（二）	628 197.34
（三）	93.27
（四）	987.15
（五）	58 267.39

全国统一标准技术比赛

（传票）

34	
(一)	8 316.95
(二)	427.86
(三)	56 291.37
(四)	327 594.16
(五)	38.27

全国统一标准技术比赛

（传票）

35	
(一)	3 481 002.56
(二)	76 529.38
(三)	154.82
(四)	245 893.17
(五)	8 429.75

全国统一标准技术比赛

（传票）

36	
(一)	536.98
(二)	497 153.62
(三)	1 506 207.43
(四)	2 964.35
(五)	326 719.74

全国统一标准技术比赛

（传票）

37	
(一)	47.69
(二)	8 267.45
(三)	325 987.16
(四)	85 579.42
(五)	689.27

全国统一标准技术比赛

（传票）

38	
(一)	8 201 653.43
(二)	94 153.26
(三)	718.96
(四)	359 012.64
(五)	7 692.38

全国统一标准技术比赛

（传票）

39	
(一)	632.57
(二)	294 356.18
(三)	7 209 564.34
(四)	3 217.85
(五)	843 795.62

全国统一标准技术比赛

（传票）

40

（一）	54 301.26
（二）	174.59
（三）	8 152.34
（四）	59.38
（五）	4 801 640.37

全国统一标准技术比赛

（传票）

41

（一）	149 823.56
（二）	2 803.45
（三）	496 175.23
（四）	63 259.81
（五）	492.17

全国统一标准技术比赛

（传票）

42

（一）	69 257.43
（二）	597.26
（三）	7 269.41
（四）	84.25
（五）	2 368 104.09

全国统一标准技术比赛

（传票）

43

（一）	9 105 306.48
（二）	68 497.23
（三）	459.78
（四）	321 598.76
（五）	5 129.87

全国统一标准技术比赛

（传票）

44

（一）	258.14
（二）	47.59
（三）	47 268.19
（四）	5 068 309.71
（五）	354 698.27

全国统一标准技术比赛

（传票）

45

（一）	58 147.36
（二）	983.25
（三）	9 158.27
（四）	65.29
（五）	3 058 609.47

46

全国统一标准技术比赛

（传票）

（一）	963 852.47
（二）	5 786.14
（三）	396 469.12
（四）	65 381.97
（五）	315.46

47

全国统一标准技术比赛

（传票）

（一）	3 749.28
（二）	912.67
（三）	28 341.75
（四）	385 146.29
（五）	34.07

48

全国统一标准技术比赛

（传票）

（一）	267.35
（二）	349 502.16
（三）	9 872 316.48
（四）	5 187.32
（五）	528 496.73

49

全国统一标准技术比赛

（传票）

（一）	528 796.13
（二）	5 146 882.39
（三）	8 924.57
（四）	273.96
（五）	7 295.34

50

全国统一标准技术比赛

（传票）

（一）	6 257.19
（二）	987.54
（三）	47 593.21
（四）	357 981.26
（五）	30.59

51

全国统一标准技术比赛

（传票）

（一）	625.38
（二）	90.54
（三）	46 825.17
（四）	6 230 841.05
（五）	415 302.89

52

全国统一标准技术比赛

(传票)

(一)	23. 98
(二)	1 093. 72
(三)	291 346. 58
(四)	23 417. 65
(五)	536. 27

53

全国统一标准技术比赛

(传票)

(一)	8 364. 51
(二)	26 485. 39
(三)	803. 65
(四)	3 428. 19
(五)	81 235. 48

54

全国统一标准技术比赛

(传票)

(一)	741. 25
(二)	951 247. 36
(三)	6 025 049. 73
(四)	8 479. 35
(五)	698 741. 25

55

全国统一标准技术比赛

(传票)

(一)	9 203 708. 25
(二)	35 168. 29
(三)	369. 18
(四)	987 456. 13
(五)	5 698. 72

56

全国统一标准技术比赛

(传票)

(一)	79 684. 12
(二)	612 539. 47
(三)	17. 26
(四)	451. 39
(五)	56 715. 82

57

全国统一标准技术比赛

(传票)

(一)	579 281. 63
(二)	3 567 218. 19
(三)	4 952. 78
(四)	263. 97
(五)	9 273. 54

58

全国统一标准技术比赛 （传票）

(一)	306.58
(二)	59.94
(三)	42 587.16
(四)	8 461 235.96
(五)	189 362.45

59

全国统一标准技术比赛 （传票）

(一)	28.03
(二)	3 971.42
(三)	415 836.29
(四)	42 361.75
(五)	625.37

60

全国统一标准技术比赛 （传票）

(一)	6 315.48
(二)	82 605.94
(三)	536.18
(四)	4 219.83
(五)	81 235.48

61

全国统一标准技术比赛 （传票）

(一)	61 482.79
(二)	537 912.46
(三)	75.18
(四)	439.15
(五)	85 461.27

62

全国统一标准技术比赛 （传票）

(一)	657 263.14
(二)	2 048 205.59
(三)	3 128.49
(四)	658.91
(五)	3 257.18

63

全国统一标准技术比赛 （传票）

(一)	9 325.84
(二)	59 243.78
(三)	987.25
(四)	8 167.59
(五)	58 198.62

64

全国统一标准技术比赛（传票）

（一）	39 125.46
（二）	704.19
（三）	5 231.84
（四）	89.03
（五）	8 140 607.35

65

全国统一标准技术比赛（传票）

（一）	638 174.92
（二）	6 257.19
（三）	357 169.84
（四）	35 687.21
（五）	976.58

66

全国统一标准技术比赛（传票）

（一）	3 012 089.45
（二）	96 14.28
（三）	692.47
（四）	695 478.21
（五）	9 461.28

67

全国统一标准技术比赛（传票）

（一）	654.17
（二）	629 753.81
（三）	6 059 807.42
（四）	6 597.13
（五）	987 613.24

68

全国统一标准技术比赛（传票）

（一）	495 167.32
（二）	1 035 086.49
（三）	9 587.26
（四）	642.18
（五）	8 259.43

69

全国统一标准技术比赛（传票）

（一）	412.98
（二）	53.69
（三）	59 431.28
（四）	7 036 508.91
（五）	687 591.42

全国统一标准技术比赛

(传票)

70

(一)	2 534 619.38
(二)	23 695.41
(三)	968.17
(四)	189 362.54
(五)	9 872.36

全国统一标准技术比赛

(传票)

71

(一)	3 185.69
(二)	762.48
(三)	61 759.23
(四)	965 314.72
(五)	87.09

全国统一标准技术比赛

(传票)

72

(一)	97.58
(二)	9 457.16
(三)	158 347.69
(四)	25 687.14
(五)	658.39

全国统一标准技术比赛

(传票)

73

(一)	695 148.27
(二)	1 039 025.78
(三)	7 268.19
(四)	357.48
(五)	7 259.14

全国统一标准技术比赛

(传票)

74

(一)	124.59
(二)	10.93
(三)	69 487.25
(四)	1 064 508.79
(五)	123 598.47

全国统一标准技术比赛

(传票)

75

(一)	56 097.13
(二)	218.59
(三)	6 325.97
(四)	59.26
(五)	3 025 098.47

76

全国统一标准技术比赛

(传票)

(一)	33.67
(二)	6 123.84
(三)	369 258.14
(四)	31 592.37
(五)	589.21

77

全国统一标准技术比赛

(传票)

(一)	2 863.49
(二)	34 259.78
(三)	436.15
(四)	9 253.14
(五)	36 819.25

78

全国统一标准技术比赛

(传票)

(一)	2 359.64
(二)	97 564.28
(三)	978.46
(四)	9 257.81
(五)	65 489.23

79

全国统一标准技术比赛

(传票)

(一)	658 147.32
(二)	7 123.45
(三)	963 845.27
(四)	963 845.27
(五)	689.24

80

全国统一标准技术比赛

(传票)

(一)	321 674.59
(二)	3 245.16
(三)	876 531.24
(四)	18 452.39
(五)	261.37

81

全国统一标准技术比赛

(传票)

(一)	715 249.36
(二)	5 130 208.49
(三)	6 425.87
(四)	327.61
(五)	2 853.97

全国统一标准技术比赛

（传票）

82

（一）	951. 82
（二）	36. 24
（三）	82 537. 69
（四）	5 193 473. 16
（五）	304 157. 26

全国统一标准技术比赛

（传票）

83

（一）	2 893. 15
（二）	39 017. 46
（三）	736. 52
（四）	5 329. 86
（五）	27 816. 39

全国统一标准技术比赛

（传票）

84

（一）	19 832. 54
（二）	725. 43
（三）	9 327. 61
（四）	19. 35
（五）	3 768 192. 64

全国统一标准技术比赛

（传票）

85

（一）	5 249. 37
（二）	398. 14
（三）	74 596. 28
（四）	325 498. 76
（五）	90. 84

全国统一标准技术比赛

（传票）

86

（一）	654 321. 98
（二）	5 268. 17
（三）	698 574. 23
（四）	59 468. 12
（五）	250. 91

全国统一标准技术比赛

（传票）

87

（一）	3 259. 47
（二）	608. 25
（三）	78 965. 43
（四）	147 258. 36
（五）	98. 71

全国统一标准技术比赛 （传票） 88

（一）	2 049 058.37
（二）	68 159.72
（三）	139.28
（四）	237 596.43
（五）	2 139.58

全国统一标准技术比赛 （传票） 89

（一）	89.67
（二）	9 756.28
（三）	849 527.16
（四）	43 517.89
（五）	249.31

全国统一标准技术比赛 （传票） 90

（一）	35 846.24
（二）	136 495.72
（三）	42.58
（四）	417.36
（五）	23 816.49

全国统一标准技术比赛 （传票） 91

（一）	586.79
（二）	138 59746
（三）	9 258 047.26
（四）	8 269.47
（五）	369 258.94

全国统一标准技术比赛 （传票） 92

（一）	357 804.16
（二）	1 435 068.79
（三）	6 159.48
（四）	147.68
（五）	5 209.67

全国统一标准技术比赛 （传票） 93

（一）	745.61
（二）	20.34
（三）	96 456.37
（四）	5 329 817.41
（五）	689 247.32

94

全国统一标准技术比赛

（传票）

（一）	401 289.65
（二）	8 309.24
（三）	752 316.49
（四）	25 918.36
（五）	741.92

95

全国统一标准技术比赛

（传票）

（一）	30.49
（二）	6 095.31
（三）	951 864.13
（四）	32 689.42
（五）	789.31

96

全国统一标准技术比赛

（传票）

（一）	3 259.48
（二）	65 021.78
（三）	907.45
（四）	5 123.94
（五）	98 743.51

97

全国统一标准技术比赛

（传票）

（一）	78 654.12
（二）	58 693.47
（三）	18.43
（四）	693.58
（五）	45 792.83

98

全国统一标准技术比赛

（传票）

（一）	4 185 260.73
（二）	58 392.67
（三）	541.28
（四）	819 342.85
（五）	9 758.24

99

全国统一标准技术比赛

（传票）

（一）	65 248.19
（二）	687.21
（三）	8 257.16
（四）	27.25
（五）	3 014 360.57

全国统一标准技术比赛

（传票）

100

（一）	56 247.47
（二）	462 321.69
（三）	98.45
（四）	748.36
（五）	36 214.69

第一组：

序号	起始页码	行次	答案
1	12—31	（三）	
2	70—89	（五）	
3	7—26	（一）	
4	24—43	（二）	
5	71—90	（三）	

第二组：

序号	起始页码	行次	答案
6	71—90	（二）	
7	43—62	（五）	
8	60—79	（一）	
9	11—30	（五）	
10	32—51	（三）	

第三组：

序号	起始页码	行次	答案
11	57—76	（四）	
12	28—47	（四）	
13	79—98	（一）	
14	19—38	（四）	
15	80—99	（三）	

第四组：

序号	起始页码	行次	答案
16	3—22	（一）	
17	54—73	（四）	
18	6—25	（二）	
19	63—82	（三）	
20	4—23	（一）	

第五组：

序号	起始页码	行次	答案
21	57—76	（五）	
22	40—59	（一）	
23	77—96	（一）	
24	79—98	（四）	
25	28—47	（五）	

第六组：

序号	起始页码	行次	答案
26	34—53	（一）	
27	44—63	（五）	
28	56—75	（一）	
29	36—55	（一）	
30	34—53	（二）	

第七组：

序号	起始页码	行次	答案
31	2—21	（一）	
32	55—74	（二）	
33	57—76	（一）	
34	28—47	（三）	
35	39—58	（二）	

第八组：

序号	起始页码	行次	答案
36	75—94	（五）	
37	81—100	（五）	
38	51—70	（四）	
39	43—62	（三）	
40	1—20	（二）	

第九组：

序号	起始页码	行次	答案
41	26—45	（二）	
42	68—87	（二）	
43	11—30	（三）	
44	81—100	（二）	
45	33—52	（五）	

第十组：

序号	起始页码	行次	答案
46	76—95	（四）	
47	22—41	（三）	
48	64—83	（一）	
49	2—21	（三）	
50	48—67	（三）	

第十一组：

序号	起始页码	行次	答案
51	15—34	（五）	
52	39—58	（五）	
53	39—58	（一）	
54	69—88	（四）	
55	62—81	（一）	

第十二组：

序号	起始页码	行次	答案
56	16—35	（二）	
57	41—60	（一）	
58	32—51	（四）	
59	78—97	（四）	
60	73—92	（一）	

第十三组：

序号	起始页码	行次	答案
61	6—25	（四）	
62	6—25	（一）	
63	21—40	（一）	
64	18—37	（二）	
65	69—88	（五）	

第十四组：

序号	起始页码	行次	答案
66	43—62	（二）	
67	56—75	（三）	
68	27—46	（五）	
69	23—42	（三）	
70	30—49	（三）	

第十五组：

序号	起始页码	行次	答案
71	20—39	（一）	
72	30—49	（四）	
73	73—92	（三）	
74	40—59	（二）	
75	66—85	（三）	

第十六组：

序号	起始页码	行次	答案
76	45—64	（三）	
77	3—22	（三）	
78	24—43	（一）	
79	26—45	（四）	
80	51—70	（三）	

第十七组：

序号	起始页码	行次	答案
81	14—33	(三)	
82	40—59	(五)	
83	52—71	(三)	
84	7—26	(四)	
85	14—33	(四)	

第十八组：

序号	起始页码	行次	答案
86	35—54	(二)	
87	9—28	(一)	
88	1—20	(四)	
89	34—53	(三)	
90	18—37	(三)	

第十九组：

序号	起始页码	行次	答案
91	37—56	(二)	
92	45—64	(五)	
93	55—74	(三)	
94	52—71	(二)	
95	25—44	(三)	

第二十组：

序号	起始页码	行次	答案
96	75—94	(三)	
97	8—27	(四)	
98	70—89	(二)	
99	6—25	(五)	
100	48—67	(四)	

第二十一组：

序号	起始页码	行次	答案
101	57—76	(二)	
102	22—41	(二)	
103	25—44	(四)	
104	9—28	(四)	
105	65—84	(一)	

第二十二组：

序号	起始页码	行次	答案
106	8—27	(一)	
107	5—24	(五)	
108	34—53	(四)	
109	12—31	(四)	
110	80—99	(一)	

第二十三组：

序号	起始页码	行次	答案
111	31—50	(一)	
112	62—81	(三)	
113	26—45	(三)	
114	26—45	(一)	
115	33—52	(一)	

第二十四组：

序号	起始页码	行次	答案
116	61—80	(一)	
117	30—49	(二)	
118	62—81	(四)	
119	46—65	(四)	
120	54—73	(一)	

第二十五组：

序号	起始页码	行次	答案
121	22—41	（一）	
122	66—85	（四）	
123	79—98	（三）	
124	41—60	（五）	
125	19—38	（五）	

第二十六组：

序号	起始页码	行次	答案
126	65—84	（五）	
127	63—82	（一）	
128	73—92	（四）	
129	68—87	（一）	
130	13—32	（四）	

第二十七组：

序号	起始页码	行次	答案
131	9—28	（二）	
132	5—24	（二）	
133	37—56	（四）	
134	44—63	（二）	
135	11—30	（二）	

第二十八组：

序号	起始页码	行次	答案
136	54—73	（五）	
137	47—66	（一）	
138	27—46	（一）	
139	67—86	（四）	
140	23—42	（四）	

第二十九组：

序号	起始页码	行次	答案
141	79—98	（五）	
142	32—51	（一）	
143	30—49	（一）	
144	18—37	（一）	
145	44—63	（一）	

第三十组：

序号	起始页码	行次	答案
146	71—90	（五）	
147	17—36	（四）	
148	9—28	（五）	
149	47—66	（五）	
150	69—88	（一）	

第三十一组：

序号	起始页码	行次	答案
151	4—23	（三）	
152	34—53	（五）	
153	1—20	（五）	
154	14—33	（二）	
155	76—95	（一）	

第三十二组：

序号	起始页码	行次	答案
156	35—54	（一）	
157	28—47	（二）	
158	81—100	（四）	
159	14—33	（五）	
160	5—24	（一）	

第三十三组：

序号	起始页码	行次	答案
161	45—64	（四）	
162	43—62	（一）	
163	27—46	（三）	
164	63—82	（二）	
165	10—29	（三）	

第三十四组：

序号	起始页码	行次	答案
166	77—96	（四）	
167	26—45	（五）	
168	41—60	（二）	
169	25—44	（五）	
170	11—30	（一）	

第三十五组：

序号	起始页码	行次	答案
171	76—95	（三）	
172	49—68	（三）	
173	16—35	（三）	
174	17—36	（三）	
175	54—73	（二）	

第三十六组：

序号	起始页码	行次	答案
176	59—78	（四）	
177	10—29	（一）	
178	4—23	（五）	
179	14—33	（一）	
180	10—29	（五）	

第三十七组：

序号	起始页码	行次	答案
181	5—24	（三）	
182	80—99	（五）	
183	58—77	（四）	
184	50—69	（三）	
185	61—80	（五）	

第三十八组：

序号	起始页码	行次	答案
186	46—65	（三）	
187	20—39	（三）	
188	71—90	（一）	
189	56—75	（二）	
190	55—74	（五）	

第三十九组：

序号	起始页码	行次	答案
191	72—91	（三）	
192	29—48	（三）	
193	40—59	（四）	
194	4—23	（四）	
195	3—22	（四）	

第四十组：

序号	起始页码	行次	答案
196	50—69	（一）	
197	29—48	（五）	
198	15—34	（一）	
199	72—91	（一）	
200	10—29	（四）	

第四十一组：

序号	起始页码	行次	答案
201	59—78	(五)	
202	13—32	(五)	
203	42—61	(五)	
204	58—77	(五)	
205	12—31	(一)	

第四十二组：

序号	起始页码	行次	答案
206	69—88	(二)	
207	15—34	(三)	
208	81—100	(三)	
209	59—78	(三)	
210	16—35	(四)	

第四十三组：

序号	起始页码	行次	答案
211	67—86	(三)	
212	31—50	(二)	
213	45—64	(二)	
214	24—43	(三)	
215	44—63	(三)	

第四十四组：

序号	起始页码	行次	答案
216	48—67	(二)	
217	51—70	(五)	
218	46—65	(一)	
219	75—94	(四)	
220	52—71	(一)	

第四十五组：

序号	起始页码	行次	答案
221	59—78	(二)	
222	60—79	(四)	
223	66—85	(一)	
224	35—54	(三)	
225	18—37	(四)	

第四十六组：

序号	起始页码	行次	答案
226	74—93	(四)	
227	78—97	(三)	
228	49—68	(一)	
229	9—28	(三)	
230	1—20	(一)	

第四十七组：

序号	起始页码	行次	答案
231	58—77	(三)	
232	19—38	(二)	
233	42—61	(一)	
234	16—35	(一)	
235	36—55	(五)	

第四十八组：

序号	起始页码	行次	答案
236	38—57	(二)	
237	8—27	(五)	
238	15—34	(二)	
239	32—51	(五)	
240	29—48	(四)	

第四十九组：

序号	起始页码	行次	答案
241	39—58	（三）	
242	81—100	（一）	
243	52—71	（五）	
244	7—26	（二）	
245	13—32	（三）	

第五十组：

序号	起始页码	行次	答案
246	56—75	（五）	
247	48—67	（五）	
248	32—51	（二）	
249	68—87	（四）	
250	52—71	（四）	

第五十一组：

序号	起始页码	行次	答案
251	38—57	（三）	
252	78—97	（五）	
253	22—41	（五）	
254	53—72	（二）	
255	78—97	（一）	

第五十二组：

序号	起始页码	行次	答案
256	49—68	（二）	
257	80—99	（二）	
258	59—78	（一）	
259	35—54	（五）	
260	46—65	（五）	

第五十三组：

序号	起始页码	行次	答案
261	8—27	（三）	
262	51—70	（二）	
263	64—83	（二）	
264	38—57	（五）	
265	17—36	（二）	

第五十四组：

序号	起始页码	行次	答案
266	71—90	（四）	
267	75—94	（二）	
268	29—48	（二）	
269	60—79	（五）	
270	58—77	（二）	

第五十五组：

序号	起始页码	行次	答案
271	41—60	（四）	
272	38—57	（一）	
273	23—42	（五）	
274	36—55	（四）	
275	74—93	（一）	

第五十六组：

序号	起始页码	行次	答案
276	21—40	（四）	
277	41—60	（三）	
278	7—26	（三）	
279	49—68	（四）	
280	13—32	（二）	

第五十七组：

序号	起始页码	行次	答案
281	65—84	（三）	
282	8—27	（二）	
283	42—61	（四）	
284	46—65	（二）	
285	50—69	（二）	

第五十八组：

序号	起始页码	行次	答案
286	33—52	（二）	
287	55—74	（一）	
288	70—89	（四）	
289	61—80	（四）	
290	74—93	（五）	

第五十九组：

序号	起始页码	行次	答案
291	78—97	（二）	
292	15—34	（四）	
293	31—50	（四）	
294	42—61	（三）	
295	55—74	（四）	

第六十组：

序号	起始页码	行次	答案
296	3—22	（五）	
297	12—31	（二）	
298	21—40	（五）	
299	28—47	（一）	
300	6—25	（三）	

第六十一组：

序号	起始页码	行次	答案
301	53—72	（五）	
302	72—91	（五）	
303	60—79	（二）	
304	43—62	（四）	
305	49—68	（五）	

第六十二组：

序号	起始页码	行次	答案
306	70—89	（一）	
307	21—40	（二）	
308	65—84	（二）	
309	17—36	（五）	
310	61—80	（二）	

第六十三组：

序号	起始页码	行次	答案
311	42—61	（二）	
312	16—35	（五）	
313	73—92	（二）	
314	2—21	（二）	
315	24—43	（五）	

第六十四组：

序号	起始页码	行次	答案
316	39—58	（四）	
317	50—69	（四）	
318	47—66	（二）	
319	31—50	（三）	
320	56—75	（四）	

第六十五组：

序号	起始页码	行次	答案
321	36—55	（三）	
322	27—46	（四）	
323	1—20	（三）	
324	54—73	（三）	
325	24—43	（四）	

第六十六组：

序号	起始页码	行次	答案
326	21—40	（三）	
327	20—39	（五）	
328	35—54	（四）	
329	68—87	（三）	
330	10—29	（二）	

第六十七组：

序号	起始页码	行次	答案
331	64—83	（五）	
332	69—88	（三）	
333	65—84	（四）	
334	77—96	（五）	
335	64—83	（三）	

第六十八组：

序号	起始页码	行次	答案
336	61—80	（三）	
337	25—44	（二）	
338	22—41	（四）	
339	2—21	（五）	
340	53—72	（四）	

第六十九组：

序号	起始页码	行次	答案
341	5—24	（四）	
342	70—89	（三）	
343	45—64	（一）	
344	76—95	（二）	
345	48—67	（一）	

第七十组：

序号	起始页码	行次	答案
346	67—86	（二）	
347	11—30	（四）	
348	31—50	（五）	
349	63—82	（四）	
350	53—72	（一）	

第七十一组：

序号	起始页码	行次	答案
351	23—42	（二）	
352	17—36	（一）	
353	37—56	（一）	
354	50—69	（五）	
355	25—44	（一）	

第七十二组：

序号	起始页码	行次	答案
356	68—87	（五）	
357	19—38	（三）	
358	62—81	（五）	
359	29—48	（一）	
360	75—94	（一）	

第七十三组：

序号	起始页码	行次	答案
361	44—63	（四）	
362	20—39	（四）	
363	37—56	（三）	
364	2—21	（四）	
365	62—81	（二）	

第七十四组：

序号	起始页码	行次	答案
366	80—99	（四）	
367	64—83	（四）	
368	12—31	（五）	
369	77—96	（二）	
370	66—85	（五）	

第七十五组：

序号	起始页码	行次	答案
371	40—59	（三）	
372	47—66	（四）	
373	30—49	（五）	
374	79—98	（二）	
375	58—77	（一）	

第七十六组：

序号	起始页码	行次	答案
376	76—95	（五）	
377	72—91	（二）	
378	33—52	（三）	
379	19—38	（一）	
380	33—52	（四）	

第七十七组：

序号	起始页码	行次	答案
381	7—26	（五）	
382	3—22	（二）	
383	72—91	（四）	
384	27—46	（二）	
385	20—39	（二）	

第七十八组：

序号	起始页码	行次	答案
386	57—76	（三）	
387	23—42	（一）	
388	74—93	（三）	
389	47—66	（三）	
390	73—92	（五）	

第七十九组：

序号	起始页码	行次	答案
391	38—57	（四）	
392	60—79	（三）	
393	37—56	（五）	
394	13—32	（一）	
395	77—96	（三）	

第八十组：

序号	起始页码	行次	答案
396	67—86	（一）	
397	63—82	（五）	
398	51—70	（一）	
399	66—85	（二）	
400	18—37	（五）	

第八十一组：

序号	起始页码	行次	答案
401	53—72	（三）	
402	36—55	（二）	
403	67—86	（五）	
404	4—23	（二）	
405	74—93	（二）	

第五套传票：

全国技术比赛

百张传票算题

（五排E）

全国统一标准技术比赛 （传票） 1

（一）	4 148.52
（二）	326.58
（三）	95 024.61
（四）	264 618.47
（五）	49.21

全国统一标准技术比赛 （传票） 2

（一）	915.38
（二）	23 685.36
（三）	425 605 .04
（四）	7 425.46
（五）	54 928.64

全国统一标准技术比赛 （传票） 3

（一）	569 241.26
（二）	312.56
（三）	2 305 480.76
（四）	47.98
（五）	9 234.76

全国统一标准技术比赛

(传票)

4

(一)	624.58
(二)	621 541.72
(三)	5 840.30
(四)	5 913 637.61
(五)	215.36

全国统一标准技术比赛

(传票)

5

(一)	483 526.97
(二)	23 571.08
(三)	3 258 963.47
(四)	55.68
(五)	7 512.38

全国统一标准技术比赛

(传票)

6

(一)	74.36
(二)	1 461.94
(三)	69 187.46
(四)	3 216.96
(五)	403.87

全国统一标准技术比赛

(传票)

7

(一)	65 879.47
(二)	52.15
(三)	6 495.28
(四)	495.72
(五)	634 761.59

全国统一标准技术比赛

(传票)

8

(一)	634 512.74
(二)	84 579.36
(三)	27.56
(四)	563.74
(五)	2 078.03

全国统一标准技术比赛

(传票)

9

(一)	1 487 826 .24
(二)	5 623.49
(三)	417 652.71
(四)	215 469.34
(五)	51 042.03

全国统一标准技术比赛

（传票）

10

（一）	7 962. 74
（二）	495 846. 25
（三）	449. 17
（四）	12 364. 98
（五）	5 306 280. 75

全国统一标准技术比赛

（传票）

11

（一）	7 124. 36
（二）	954. 28
（三）	36 478. 56
（四）	203 601. 57
（五）	94. 15

全国统一标准技术比赛

（传票）

12

（一）	321. 65
（二）	12 598. 74
（三）	125 632. 41
（四）	5 102. 30
（五）	94 125. 78

全国统一标准技术比赛

（传票）

13

（一）	215 164. 82
（二）	632. 14
（三）	6 147 325. 67
（四）	10. 36
（五）	2 887. 94

全国统一标准技术比赛

（传票）

14

（一）	365. 27
（二）	415 965. 31
（三）	2 639. 68
（四）	4 231 054. 70
（五）	965. 74

全国统一标准技术比赛

（传票）

15

（一）	64 125. 36
（二）	9 641 254. 78
（三）	965. 32
（四）	20 145. 03
（五）	954 175. 28

全国统一标准技术比赛

（传票）

16

（一）	90.17
（二）	6 321.45
（三）	65 214.75
（四）	5 487.52
（五）	432.71

全国统一标准技术比赛

（传票）

17

（一）	20 251.78
（二）	65.41
（三）	2 369.74
（四）	213.54
（五）	748 965.13

全国统一标准技术比赛

（传票）

18

（一）	250 364.07
（二）	52 147.18
（三）	45.28
（四）	147.39
（五）	5 321.67

全国统一标准技术比赛

（传票）

19

（一）	2 036 415.09
（二）	7 865.49
（三）	125 368.75
（四）	569 832.14
（五）	27 543.94

全国统一标准技术比赛

（传票）

20

（一）	1 807.94
（二）	632.514.41
（三）	361.25
（四）	74 154.26
（五）	3 965 245.57

全国统一标准技术比赛

（传票）

21

（一）	4 623.94
（二）	854.67
（三）	59 416.35
（四）	152 468.52
（五）	30.21

22

全国统一标准技术比赛

（传票）

（一）	147.89
（二）	65 425.84
（三）	125 362.94
（四）	2 896.71
（五）	20 360.94

23

全国统一标准技术比赛

（传票）

（一）	973 641.26
（二）	147 85
（三）	9 521 364.78
（四）	94.27
（五）	8 054 16

24

全国统一标准技术比赛

（传票）

（一）	364.59
（二）	147 569.21
（三）	5 478.91
（四）	2 365 289.41
（五）	203.40

25

全国统一标准技术比赛

（传票）

（一）	94 147.63
（二）	5 214 369.21
（三）	254.87
（四）	51 236.19
（五）	502 642.05

26

全国统一标准技术比赛

（传票）

（一）	47.18
（二）	2 059.80
（三）	41 874.16
（四）	2 364.17
（五）	695.23

27

全国统一标准技术比赛

（传票）

（一）	24 361.98
（二）	50 24
（三）	5 647.81
（四）	213.64
（五）	598 477.19

全国统一标准技术比赛

(传票)

28

(一) 147 896.35

(二) 20 360.47

(三) 64.19

(四) 785.42

(五) 6 321.87

全国统一标准技术比赛

(传票)

29

(一) 7 548 963.21

(二) 1 025.36

(三) 478 569.32

(四) 123 478.56

(五) 36 214.76

全国统一标准技术比赛

(传票)

30

(一) 9 632.14

(二) 201 302.62

(三) 147.58

(四) 64 523.19

(五) 6 654 213.78

全国统一标准技术比赛

(传票)

31

(一) 7 964.02

(二) 625.14

(三) 52 124.58

(四) 695 142.37

(五) 96.41

全国统一标准技术比赛

(传票)

32

(一) 654.05

(二) 54 125.78

(三) 965 412.37

(四) 5 487.96

(五) 21 415.47

全国统一标准技术比赛

(传票)

33

(一) 147 025.30

(二) 941.64

(三) 9 854 261.73

(四) 64.78

(五) 6 324.51

34

全国统一标准技术比赛

（传票）

（一）	105.69
（二）	274 635.19
（三）	8 695.41
（四）	6 324 214.12
（五）	698.45

35

全国统一标准技术比赛

（传票）

（一）	42 560.30
（二）	8 631 472.69
（三）	631.24
（四）	78 965.41
（五）	614 254.39

36

全国统一标准技术比赛

（传票）

（一）	94.25
（二）	8 641.23
（三）	50 120.36
（四）	9 632.15
（五）	214.37

37

全国统一标准技术比赛

（传票）

（一）	47 869.53
（二）	2 134
（三）	2 036.40
（四）	154.67
（五）	987 423.51

38

全国统一标准技术比赛

（传票）

（一）	247 598.46
（二）	31 258.74
（三）	31.05
（四）	264.98
（五）	5 411.72

39

全国统一标准技术比赛

（传票）

（一）	4 123 654.91
（二）	3 254.17
（三）	502 361.07
（四）	954 287.46
（五）	14 527.48

全国统一标准技术比赛 (传票)

40

(一)	8 124. 64
(二)	321 587. 94
(三)	630. 12
(四)	32. 964. 78
(五)	1 253 748. 69

全国统一标准技术比赛 (传票)

41

(一)	9 124. 53
(二)	608. 61
(三)	47 236. 49
(四)	874 125. 95
(五)	65. 42

全国统一标准技术比赛 (传票)

42

(一)	412. 37
(二)	56 210. 38
(三)	654 786. 49
(四)	1 542. 37
(五)	89 523. 14

全国统一标准技术比赛 (传票)

43

(一)	694 126. 57
(二)	502. 47
(三)	6 387 945. 21
(四)	25. 18
(五)	9 547. 86

全国统一标准技术比赛 (传票)

44

(一)	248. 23
(二)	470 849. 40
(三)	9 742. 35
(四)	7 851 146. 42
(五)	795. 26

全国统一标准技术比赛 (传票)

45

(一)	56 248. 13
(二)	2 620 024. 78
(三)	987. 54
(四)	12 369 74
(五)	251 489. 67

全国统一标准技术比赛（传票）

46

（一）	14.15
（二）	9 652.34
（三）	16 278.94
（四）	5 021.35
（五）	154.75

全国统一标准技术比赛（传票）

47

（一）	94 587.45
（二）	62.14
（三）	6 984.72
（四）	360.25
（五）	154 896.34

全国统一标准技术比赛（传票）

48

（一）	654.847.95
（二）	36 251 47
（三）	94.58
（四）	502.86
（五）	4 978.24

全国统一标准技术比赛（传票）

49

（一）	6 146 579.58
（二）	4 369.49
（三）	624 243.69
（四）	704.638.10
（五）	24 716 .28

全国统一标准技术比赛（传票）

50

（一）	1 547.98
（二）	147 569.51
（三）	314.52
（四）	10 269.07
（五）	6 357 841.29

全国统一标准技术比赛（传票）

51

（一）	1 524.68
（二）	963.24
（三）	82 017.20
（四）	321 947.85
（五）	24.16

全国统一标准技术比赛

（传票）

52

（一）	158.76
（二）	31 265.94
（三）	201 456.81
（四）	7 549.86
（五）	32 548.97

全国统一标准技术比赛

（传票）

53

（一）	314 789.56
（二）	214.39
（三）	5 021 364.90
（四）	78.52
（五）	3 164.82

全国统一标准技术比赛

（传票）

54

（一）	135.68
（二）	421.564.31
（三）	4 120.70
（四）	3 796 412.53
（五）	412.35

全国统一标准技术比赛

（传票）

55

（一）	31 259.64
（二）	4 159 634.27
（三）	301.80
（四）	94 157.67
（五）	241 258.36

全国统一标准技术比赛

（传票）

56

（一）	69.48
（二）	7 456.12
（三）	35 641.52
（四）	9 158.46
（五）	201.30

全国统一标准技术比赛

（传票）

57

（一）	63 152.49
（二）	57.86
（三）	3 651.24
（四）	598.47
（五）	201 302.64

全国统一标准技术比赛

（传票）

58

（一）	965 347. 21
（二）	85 654. 72
（三）	15. 47
（四）	874. 29
（五）	6 304. 28

全国统一标准技术比赛

（传票）

59

（一）	1 426 754. 19
（二）	2. 364. 52
（三）	324 715. 49
（四）	754 236. 41
（五）	20 106. 37

全国统一标准技术比赛

（传票）

60

（一）	9 324. 18
（二）	521 476. 35
（三）	654. 27
（四）	69 125. 73
（五）	5 048 059. 18

全国统一标准技术比赛

（传票）

61

（一）	9 594. 15
（二）	623. 48
（三）	74 561. 89
（四）	602 150. 30
（五）	41. 27

全国统一标准技术比赛

（传票）

62

（一）	954. 69
（二）	41 236. 59
（三）	965 254. 36
（四）	6 302. 09
（五）	24 547 86

全国统一标准技术比赛

（传票）

63

（一）	632 475. 89
（二）	514 26
（三）	3 214 985. 47
（四）	30. 02
（五）	6 854. 27

全国统一标准技术比赛

（传票）

64

（一）	789 16
（二）	325 147.86
（三）	3 264.75
（四）	2 015 430.78
（五）	741.23

全国统一标准技术比赛

（传票）

65

（一）	15 264.37
（二）	9 651 724.38
（三）	631.28
（四）	61 024.78
（五）	632 159.86

全国统一标准技术比赛

（传票）

66

（一）	30.26
（二）	6 148.79
（三）	15 164.57
（四）	4 123.65
（五）	487.95

全国统一标准技术比赛

（传票）

67

（一）	20 156.03
（二）	25.64
（三）	1 598.63
（四）	258.74
（五）	156 243.81

全国统一标准技术比赛

（传票）

68

（一）	264 098 03
（二）	41 235.64
（三）	97.18
（四）	654.73
（五）	2 984.19

全国统一标准技术比赛

（传票）

69

（一）	3 201 452.08
（二）	7 852.69
（三）	542 654.18
（四）	632 124.59
（五）	63 254.17

全国统一标准技术比赛

（传票）

70

（一）	4 021.30
（二）	412 357.86
（三）	941.27
（四）	36 158.49
（五）	8 941 257.65

全国统一标准技术比赛

（传票）

71

（一）	4 351.72
（二）	452.36
（三）	16 235.89
（四）	456 321.78
（五）	50.36

全国统一标准技术比赛

（传票）

72

（一）	215.36
（二）	26 954.17
（三）	852 125.36
（四）	9 541.87
（五）	90 236.05

全国统一标准技术比赛

（传票）

73

（一）	147 569.82
（二）	245.61
（三）	5 247 869.46
（四）	45.63
（五）	2 014.50

全国统一标准技术比赛

（传票）

74

（一）	954.26
（二）	458 962.78
（三）	5 253.86
（四）	9 361 478.58
（五）	201.30

全国统一标准技术比赛

（传票）

75

（一）	94 753.26
（二）	5 247 412.34
（三）	612.89
（四）	42 851.38
（五）	601 407.63

76

全国统一标准技术比赛

（传票）

（一）	87.46
（二）	2 062.30
（三）	56 487.92
（四）	9 632.17
（五）	523.84

77

全国统一标准技术比赛

（传票）

（一）	69 214.57
（二）	30.15
（三）	3 254.19
（四）	541.27
（五）	632 741.95

78

全国统一标准技术比赛

（传票）

（一）	364 251.98
（二）	45 047.06
（三）	14.58
（四）	631.45
（五）	8 621.34

79

全国统一标准技术比赛

（传票）

（一）	8 321 475.29
（二）	6 012.34
（三）	654 215 49
（四）	214 587.63
（五）	25 784.15

80

全国统一标准技术比赛

（传票）

（一）	9 621.75
（二）	302 187.09
（三）	524.17
（四）	63 274.52
（五）	4 158 752.64

81

全国统一标准技术比赛

（传票）

（一）	2 036.50
（二）	254.48
（三）	74 235.46
（四）	256 147.89
（五）	39.57

全国统一标准技术比赛（传票）

82

（一）	903.20
（二）	15 647.82
（三）	412 756.83
（四）	2 156.94
（五）	74 125.67

全国统一标准技术比赛（传票）

83

（一）	301 651.20
（二）	987.48
（三）	6 321 998.52
（四）	36.27
（五）	9 125.64

全国统一标准技术比赛（传票）

84

（一）	102.37
（二）	586 632.19
（三）	6 358.24
（四）	5 214 856.37
（五）	521.62

全国统一标准技术比赛（传票）

85

（一）	10 326.94
（二）	8.412.723.69
（三）	521.14
（四）	32 854.69
（五）	854 216.34

全国统一标准技术比赛（传票）

86

（一）	94.15
（二）	3 254.87
（三）	60 201.56
（四）	4 758.62
（五）	123.47

全国统一标准技术比赛（传票）

87

（一）	94 587.16
（二）	23.61
（三）	4 025.36
（四）	265.41
（五）	259 687.43

全国统一标准技术比赛

(传票)

88

(一)	324 158.97
(二)	63 214.57
(三)	90.36
(四)	147.56
(五)	7 964.21

全国统一标准技术比赛

(传票)

89

(一)	5 231 578 49
(二)	9 321.45
(三)	320 326.69
(四)	742 154.91
(五)	35 412.53

全国统一标准技术比赛

(传票)

90

(一)	5 124.76
(二)	361 289.64
(三)	301.60
(四)	42 158.67
(五)	9 341 258.76

全国统一标准技术比赛

(传票)

91

(一)	9 154.83
(二)	205.36
(三)	45 165.94
(四)	987 425.16
(五)	58.64

全国统一标准技术比赛

(传票)

92

(一)	541.26
(二)	20 302.65
(三)	215 849.67
(四)	1 547.89
(五)	69 324.67

全国统一标准技术比赛

(传票)

93

(一)	645 324.58
(二)	601.27
(三)	9 654 892.34
(四)	97.61
(五)	2 415.63

94

全国统一标准技术比赛

（传票）

（一）	254.36
（二）	680 410.45
（三）	7 459.53
（四）	6 352 945.23
（五）	614.78

95

全国统一标准技术比赛

（传票）

（一）	42 364.19
（二）	6 021 580.34
（三）	612.78
（四）	36 417.85
（五）	641 254.37

96

全国统一标准技术比赛

（传票）

（一）	65 47
（二）	8 521.85
（三）	36 215.49
（四）	9 490.27
（五）	631.17

97

全国统一标准技术比赛

（传票）

（一）	64 125.47
（二）	89.63
（三）	2 147.56
（四）	560.04
（五）	215 748.31

98

全国统一标准技术比赛

（传票）

（一）	147 856 23
（二）	15 263.94
（三）	52.17
（四）	560.34
（五）	1 254.33

99

全国统一标准技术比赛

（传票）

（一）	6 357 692.47
（二）	1 486.52
（三）	435 649.71
（四）	102 360.98
（五）	56 281.79

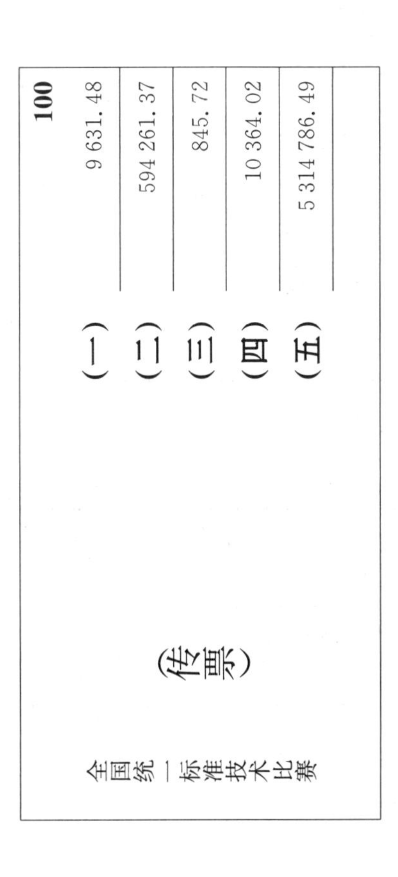

全国统一标准技术比赛

（传票）

100

（一）	9 631.48
（二）	594 261.37
（三）	845.72
（四）	10 364.02
（五）	5 314 786.49

第一组：

序号	起始页码	行次	答案
1	68—87	（三）	
2	73—92	（二）	
3	14—33	（三）	
4	7—26	（三）	
5	6—25	（三）	

第二组：

序号	起始页码	行次	答案
6	46—65	（四）	
7	68—87	（二）	
8	19—38	（四）	
9	37—56	（二）	
10	44—63	（一）	

第三组：

序号	起始页码	行次	答案
11	17—36	（五）	
12	2—21	（三）	
13	15—34	（五）	
14	38—57	（二）	
15	29—48	（三）	

第四组：

序号	起始页码	行次	答案
16	66—85	（五）	
17	77—96	（一）	
18	69—88	（四）	
19	6—25	（四）	
20	2—21	（二）	

第五组:

序号	起始页码	行次	答案
21	71—90	(五)	
22	29—48	(五)	
23	34—53	(三)	
24	65—84	(一)	
25	5—24	(二)	

第六组:

序号	起始页码	行次	答案
26	46—65	(五)	
27	69—88	(三)	
28	64—83	(四)	
29	57—76	(五)	
30	35—54	(三)	

第七组:

序号	起始页码	行次	答案
31	45—64	(四)	
32	81—100	(一)	
33	8—27	(三)	
34	66—85	(一)	
35	38—57	(四)	

第八组:

序号	起始页码	行次	答案
36	45—64	(五)	
37	11—30	(一)	
38	50—69	(四)	
39	81—100	(四)	
40	41—60	(二)	

第九组：

序号	起始页码	行次	答案
41	42—61	（五）	
42	68—87	（一）	
43	71—90	（二）	
44	4—23	（二）	
45	56—75	（四）	

第十组：

序号	起始页码	行次	答案
46	31—50	（五）	
47	25—44	（五）	
48	38—57	（五）	
49	27—46	（三）	
50	32—51	（一）	

第十一组：

序号	起始页码	行次	答案
51	69—88	（二）	
52	50—69	（五）	
53	37—56	（三）	
54	29—48	（一）	
55	70—89	（三）	

第十二组：

序号	起始页码	行次	答案
56	62—81	（一）	
57	57—76	（四）	
58	28—47	（四）	
59	32—51	（三）	
60	68—87	（五）	

第十三组：

序号	起始页码	行次	答案
61	60—79	（二）	
62	55—74	（三）	
63	47—66	（四）	
64	11—30	（四）	
65	10—29	（二）	

第十四组：

序号	起始页码	行次	答案
66	48—67	（四）	
67	51—70	（四）	
68	18—37	（五）	
69	48—67	（二）	
70	80—99	（五）	

第十五组：

序号	起始页码	行次	答案
71	6—25	（二）	
72	52—71	（一）	
73	1—20	（五）	
74	50—69	（二）	
75	13—32	（四）	

第十六组：

序号	起始页码	行次	答案
76	31—50	（二）	
77	39—58	（五）	
78	49—68	（二）	
79	1—20	（二）	
80	49—68	（四）	

第十七组：

序号	起始页码	行次	答案
81	27—46	（四）	
82	42—61	（二）	
83	72—91	（一）	
84	80—99	（四）	
85	73—92	（三）	

第十八组：

序号	起始页码	行次	答案
86	63—82	（五）	
87	15—34	（三）	
88	17—36	（三）	
89	56—75	（五）	
90	4—23	（三）	

第十九组：

序号	起始页码	行次	答案
91	15—34	（二）	
92	36—55	（五）	
93	59—78	（五）	
94	19—38	（一）	
95	72—91	（三）	

第二十组：

序号	起始页码	行次	答案
96	1—20	（四）	
97	33—52	（三）	
98	71—90	（一）	
99	20—39	（二）	
100	55—74	（一）	

第二十一组：

序号	起始页码	行次	答案
101	12—31	（五）	
102	33—52	（二）	
103	9—28	（一）	
104	65—84	（五）	
105	63—82	（三）	

第二十二组：

序号	起始页码	行次	答案
106	55—74	（四）	
107	21—40	（四）	
108	6—25	（一）	
109	31—50	（一）	
110	16—35	（一）	

第二十三组：

序号	起始页码	行次	答案
111	57—76	（一）	
112	39—58	（一）	
113	62—81	（二）	
114	43—62	（四）	
115	5—24	（三）	

第二十四组：

序号	起始页码	行次	答案
116	3—22	（二）	
117	73—92	（一）	
118	26—45	（三）	
119	14—33	（一）	
120	74—93	（一）	

第二十五组：

序号	起始页码	行次	答案
121	34—53	（四）	
122	7—26	（一）	
123	74—93	（四）	
124	44—63	（三）	
125	60—79	（一）	

第二十六组：

序号	起始页码	行次	答案
126	77—96	（二）	
127	59—78	（一）	
128	3—22	（五）	
129	9—28	（二）	
130	25—44	（四）	

第二十七组：

序号	起始页码	行次	答案
131	37—56	（一）	
132	56—75	（三）	
133	74—93	（五）	
134	49—68	（五）	
135	23—42	（二）	

第二十八组：

序号	起始页码	行次	答案
136	39—58	（三）	
137	74—93	（二）	
138	48—67	（三）	
139	6—25	（五）	
140	20—39	（四）	

第二十九组：

序号	起始页码	行次	答案
141	59—78	（二）	
142	8—27	（一）	
143	57—76	（三）	
144	78—97	（四）	
145	4—23	（四）	

第三十组：

序号	起始页码	行次	答案
146	75—94	（一）	
147	58—77	（二）	
148	37—56	（五）	
149	14—33	（四）	
150	47—66	（五）	

第三十一组：

序号	起始页码	行次	答案
151	31—50	（四）	
152	23—42	（三）	
153	13—32	（一）	
154	69—88	（五）	
155	43—62	（五）	

第三十二组：

序号	起始页码	行次	答案
156	70—89	（一）	
157	13—32	（三）	
158	50—69	（一）	
159	53—72	（五）	
160	80—99	（一）	

第三十三组：

序号	起始页码	行次	答案
161	54—73	（三）	
162	27—46	（一）	
163	19—38	（二）	
164	36—55	（三）	
165	37—56	（四）	

第三十四组：

序号	起始页码	行次	答案
166	7—26	（二）	
167	20—39	（一）	
168	70—89	（二）	
169	20—39	（五）	
170	65—84	（四）	

第三十五组：

序号	起始页码	行次	答案
171	39—58	（四）	
172	29—48	（四）	
173	11—30	（二）	
174	73—92	（四）	
175	43—62	（二）	

第三十六组：

序号	起始页码	行次	答案
176	59—78	（三）	
177	61—80	（一）	
178	43—62	（三）	
179	22—41	（三）	
180	81—100	（五）	

第三十七组：

序号	起始页码	行次	答案
181	79—98	（五）	
182	68—87	（四）	
183	57—76	（二）	
184	35—54	（二）	
185	40—59	（五）	

第三十八组：

序号	起始页码	行次	答案
186	56—75	（二）	
187	23—42	（四）	
188	15—34	（一）	
189	16—35	（五）	
190	59—78	（四）	

第三十九组：

序号	起始页码	行次	答案
191	48—67	（五）	
192	70—89	（四）	
193	8—27	（二）	
194	42—61	（三）	
195	52—71	（二）	

第四十组：

序号	起始页码	行次	答案
196	72—91	（五）	
197	2—21	（一）	
198	67—86	（五）	
199	62—81	（三）	
200	66—85	（二）	

第四十一组：

序号	起始页码	行次	答案
201	31—50	（三）	
202	41—60	（四）	
203	67—86	（二）	
204	49—68	（一）	
205	60—79	（四）	

第四十二组：

序号	起始页码	行次	答案
206	76—95	（四）	
207	51—70	（一）	
208	52—71	（四）	
209	51—70	（二）	
210	40—59	（四）	

第四十三组：

序号	起始页码	行次	答案
211	81—100	（二）	
212	12—31	（四）	
213	32—51	（四）	
214	1—20	（一）	
215	47—66	（二）	

第四十四组：

序号	起始页码	行次	答案
216	53—72	（四）	
217	65—84	（三）	
218	33—52	（四）	
219	55—74	（五）	
220	54—73	（二）	

第四十五组：

序号	起始页码	行次	答案
221	40—59	（二）	
222	63—82	（一）	
223	64—83	（三）	
224	36—55	（一）	
225	22—41	（五）	

第四十六组：

序号	起始页码	行次	答案
226	45—64	（三）	
227	24—43	（三）	
228	58—77	（一）	
229	11—30	（五）	
230	14—33	（二）	

第四十七组：

序号	起始页码	行次	答案
231	7—26	（五）	
232	7—26	（四）	
233	19—38	（三）	
234	30—49	（一）	
235	63—82	（四）	

第四十八组：

序号	起始页码	行次	答案
236	35—54	（四）	
237	48—67	（一）	
238	58—77	（四）	
239	38—57	（三）	
240	21—40	（二）	

第四十九组：

序号	起始页码	行次	答案
241	22—41	（一）	
242	19—38	（五）	
243	38—57	（一）	
244	64—83	（二）	
245	62—81	（四）	

第五十组：

序号	起始页码	行次	答案
246	16—35	（二）	
247	77—96	（三）	
248	46—65	（三）	
249	8—27	（四）	
250	64—83	（一）	

第五十一组：

序号	起始页码	行次	答案
251	60—79	（五）	
252	76—95	（五）	
253	46—65	（一）	
254	12—31	（二）	
255	79—98	（二）	

第五十二组：

序号	起始页码	行次	答案
256	61—80	（三）	
257	35—54	（一）	
258	76—95	（二）	
259	16—35	（四）	
260	34—53	（二）	

第五十三组：

序号	起始页码	行次	答案
261	14—33	（五）	
262	4—23	（五）	
263	18—37	（一）	
264	35—54	（五）	
265	10—29	（三）	

第五十四组：

序号	起始页码	行次	答案
266	33—52	（一）	
267	61—80	（五）	
268	54—73	（五）	
269	40—59	（三）	
270	45—64	（一）	

第五十五组：

序号	起始页码	行次	答案
271	76—95	（三）	
272	24—43	（五）	
273	28—47	（一）	
274	25—44	（二）	
275	5—24	（五）	

第五十六组：

序号	起始页码	行次	答案
276	67—86	（四）	
277	53—72	（一）	
278	22—41	（四）	
279	30—49	（二）	
280	53—72	（二）	

第五十七组：

序号	起始页码	行次	答案
281	69—88	（一）	
282	64—83	（五）	
283	79—98	（一）	
284	58—77	（五）	
285	27—46	（二）	

第五十八组：

序号	起始页码	行次	答案
286	24—43	（四）	
287	36—55	（二）	
288	39—58	（二）	
289	21—40	（一）	
290	4—23	（一）	

第五十九组：

序号	起始页码	行次	答案
291	65—84	（二）	
292	26—45	（四）	
293	34—53	（五）	
294	17—36	（二）	
295	10—29	（一）	

第六十组：

序号	起始页码	行次	答案
296	67—86	（三）	
297	9—28	（五）	
298	50—69	（三）	
299	36—55	（四）	
300	71—90	（四）	

第六十一组：

序号	起始页码	行次	答案
301	43—62	（一）	
302	30—49	（三）	
303	34—53	（一）	
304	76—95	（一）	
305	23—42	（五）	

第六十二组：

序号	起始页码	行次	答案
306	46—65	（二）	
307	45—64	（二）	
308	71—90	（三）	
309	47—66	（三）	
310	66—85	（三）	

第六十三组：

序号	起始页码	行次	答案
311	30—49	（五）	
312	13—32	（五）	
313	15—34	（四）	
314	26—45	（一）	
315	30—49	（四）	

第六十四组：

序号	起始页码	行次	答案
316	41—60	（三）	
317	26—45	（五）	
318	10—29	（四）	
319	79—98	（三）	
320	29—48	（二）	

第六十五组：

序号	起始页码	行次	答案
321	3—22	(三)	
322	44—63	(四)	
323	25—44	(一)	
324	55—74	(二)	
325	20—39	(三)	

第六十六组：

序号	起始页码	行次	答案
326	63—82	(二)	
327	28—47	(三)	
328	32—51	(五)	
329	75—94	(五)	
330	21—40	(五)	

第六十七组：

序号	起始页码	行次	答案
331	51—70	(五)	
332	70—89	(五)	
333	44—63	(五)	
334	52—71	(五)	
335	24—43	(二)	

第六十八组：

序号	起始页码	行次	答案
336	75—94	(二)	
337	41—60	(五)	
338	80—99	(二)	
339	28—47	(五)	
340	78—97	(三)	

第六十九组：

序号	起始页码	行次	答案
341	75—94	(三)	
342	23—42	(一)	
343	61—80	(二)	
344	78—97	(五)	
345	13—32	(二)	

第七十组：

序号	起始页码	行次	答案
346	11—30	(三)	
347	5—24	(四)	
348	72—91	(二)	
349	66—85	(四)	
350	21—40	(三)	

第七十一组：

序号	起始页码	行次	答案
351	8—27	(五)	
352	9—28	(四)	
353	16—35	(三)	
354	54—73	(一)	
355	42—61	(一)	

第七十二组：

序号	起始页码	行次	答案
356	3—22	(四)	
357	25—44	(三)	
358	17—36	(一)	
359	75—94	(四)	
360	17—36	(四)	

第七十三组：

序号	起始页码	行次	答案
361	26—45	（二）	
362	5—24	（一）	
363	61—80	（四）	
364	49—68	（三）	
365	81—100	（三）	

第七十四组：

序号	起始页码	行次	答案
366	40—59	（一）	
367	9—28	（三）	
368	33—52	（五）	
369	22—41	（二）	
370	44—63	（二）	

第七十五组：

序号	起始页码	行次	答案
371	73—92	（五）	
372	2—21	（五）	
373	67—86	（一）	
374	12—31	（一）	
375	52—71	（三）	

第七十六组：

序号	起始页码	行次	答案
376	58—77	（三）	
377	27—46	（五）	
378	54—73	（四）	
379	78—97	（二）	
380	18—37	（三）	

第七十七组：

序号	起始页码	行次	答案
381	60—79	(三)	
382	42—61	(四)	
383	74—93	(三)	
384	72—91	(四)	
385	2—21	(四)	

第七十八组：

序号	起始页码	行次	答案
386	77—96	(四)	
387	56—75	(一)	
388	62—81	(五)	
389	47—66	(一)	
390	18—37	(四)	

第七十九组：

序号	起始页码	行次	答案
391	3—22	(一)	
392	1—20	(三)	
393	10—29	(五)	
394	18—37	(二)	
395	24—43	(一)	

第八十组：

序号	起始页码	行次	答案
396	77—96	(五)	
397	80—99	(三)	
398	79—98	(四)。	
399	53—72	(三)	
400	51—70	(三)	

第八十一组：

序号	起始页码	行次	答案
401	41—60	（一）	
402	28—47	（二）	
403	78—97	（一）	
404	32—51	（二）	
405	12—31	（三）	

第五章　职业技能实训设备

【实践导入】

随着时间的推移，小张已经成为了公司业务骨干、财务能手。许多新来的同事都向他讨教经验。他也毫不吝啬，手把手地教给新员工各种财务知识，同时强调大部分技能的掌握是要靠自己坚持不懈地练习才能完成的。此外，小张还了解到最近新出了许多专门给财务人员进行小键盘录入训练用的相关设备，经研究后有针对性地为新员工进行了推荐。

第一节　认识翰林提职业技能实训机

职业技能实训机是指专门为了训练某种职业技能而设计的仿真训练仪器。此类仪器训练的目的，是让职业院校的同学在正式走入职场前就熟练掌握相关职业所对应的特定技能，使同学们尽快融入工作环境。

翰林提职业技能训练机是针对小键盘的使用，对财会专业日常操作中所涉及的各种票据、算法等进行训练的实训机，也是现在职业院校财会专业使用较为普遍的教学用设备。通过该设备的训练，同学们可以进行指法、票据录入、票币计算、传票算和账表算等多种练习。本章我们以 ZT 系列翰林提实训机设备为例来进行讲解。

一、翰林提实训设备部件组成

(1) 主机 1 台，如图 5.1 所示。

图 5.1　翰林提主机

(2) 黑色支架一个,如图 5.2 所示。

(3) 键盘一个,如图 5.3 所示。

图 5.2　翰林提主机支架

图 5.3　翰林提录入键盘

(4) 键盘包一个,如图 5.4 所示。

图 5.4　键盘布套

(5) 智能充电器一个,如图 5.5 所示。

图 5.5　翰林提电源

(6) 使用说明书一本,如图 5.6 所示。

图 5.6　翰林提使用说明书

二、翰林提实训设备的使用步骤

(1) 检查设备配置是否齐全。

(2) 将电池放入主机背后的电池仓内。注意:应按照电池仓内提示的正负极方向放入电池,正极朝外。或者通过电源线连接至 220V 电源。

(3) 将主机放入支架的主机槽内,并将支架下摆往后折转,使用黑色铁脚架支住。注意:铁脚架有 3 个支撑卡位可调,可以自行调整支架角度。不使用机器的时候可将支架合起,起到保护主机屏幕的作用。

(4) 将键盘与主机连接。注意:连接时,键盘接口梯形槽的位置应与主机接口一致,并用力插到底部。

(5) 向下长按 3 秒主机右上侧黑色拨轮键开机。注意:必须先将键盘与主机连接后再开机,若先开机再插键盘则无法识别。

(6) 正常开机后,主机屏幕显示操作界面,键盘最左侧的指示灯亮。

三、故障检测

若无法正常开机或无法操作,可按照不同现象检测故障来源。

(1) 先检测电池正负极是否装反,并保证电池有电。

(2) 检查键盘与主机连接是否已经插到底部。

(3) 若上述操作都正常,但是按下开机键后无法显示操作界面,说明主机存在故障。

(4) 若上述操作都正常,开机显示主机界面,但是键盘无法正常进行输入,可将主机与其他键盘连接,若仍无法操作,则说明主机接口故障;若将键盘与其他主机连接,仍无法操作,则说明键盘故障。

第二节　使用翰林提实训设备进行账表算和传票算

一、使用翰林提实训设备进行账表算

翰林提设备中主要可以练习的小键盘技能包括三大部分，分别为录入技能、计算技能和财会单据。在录入技能模块中，我们可以进行五笔录入、数字录入、传票录入和综合录入的练习。在计算技能模块中，我们可以进行心算、票币算、加减算和账表算的录入练习。而在财会单据模块中，我们可以进行原始凭证和记账凭证的录入练习。我们先来讲解一下账表算的练习方法。

(1) 将设备开机。

(2) 将右上侧的波轮向右波动或使用键盘上的方向键进行选择，使选择框停留在“计算技能”上，按下右上侧的拨轮按键或键盘上的“回车”键，进入“计算技能”，如图 5.7 所示。

图 5.7　翰林提主界面

(3) 进入后将左上侧的波轮向右侧波动或使用键盘上的方向键，选择账表算，按下右上侧的波轮键或键盘上的回车键，进入账表算模式。如图 5.8 所示。

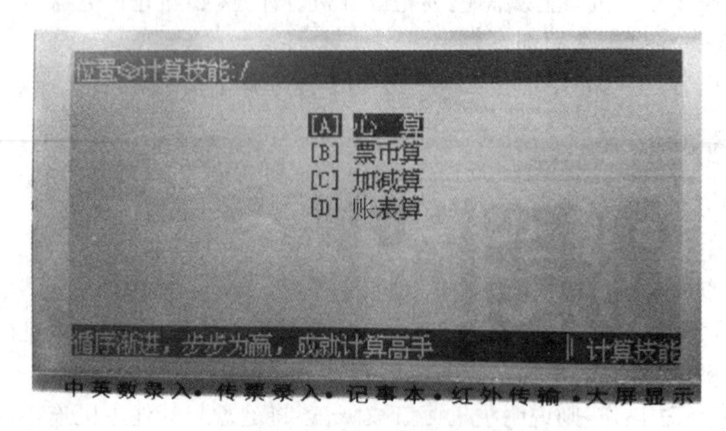

图 5.8　翰林提计算技能界面

(4) 进入后,我们就可以进行练习或测试模式的选择了,如图 5.9 所示。

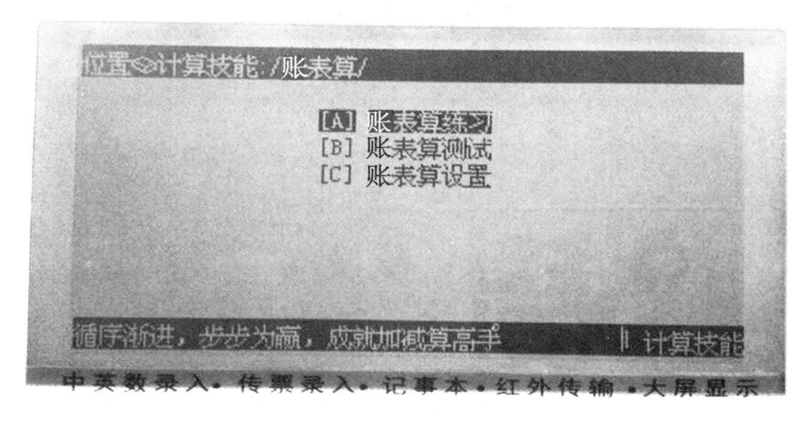

47092	2809	5040	3620	-57122	◀
5591	14488	4196	-91128	-47158	
10044	4475	4151	42093	23322	
7666	76592	1426	1321	-6768	
10590	7884	7701	-15463	8435	
44403	6165	9930	44943	84868	
10813	1374	64618	-13187	-43757	
6394	2240	2796	6774	13403	
20938	93557	2700	-63092	2294	

[题: 1] 当前操作: 计算区域 0 09:50

中英数录入• 传票录入• 记事本• 红外传输 •大屏显示

图 5.9 翰林提账表算界面

说明:选择“[A]账表算练习”或者“[B]账表算测试”的区别在于:在[A]账表算练习模式下,系统不保存成绩,也不能发送成绩,但是可以保存成长历程,该模式只在练习时使用。在[B]账表算测试模式下,系统可以保存最后成绩,并且可以通过无线模块发送测试成绩,该模式可以在比赛时使用。

进入后,我们按照练习的要求选择“先行后列”或者“先列后行”的计算方法,选好后就可以看到习题界面了。如图 5.9 所示,由于显示屏的显示,这里的账表算每题为九行五列,每算对 1 行得分 1.5 分,每算对 1 列得分 3 分,可以轧平再另加分数。按“ * ”键进入下一题。

二、使用翰林提实训设备进行传票算

用设备进行传票算的方法和账表算的方法类似:

(1) 设备开机后,将右上侧的波轮向右波动或使用键盘上的方向键进行选择,使选择框停留在“录入技能”上,按下右上侧的拨轮按键或键盘上的“回车”键,进入“录入技能”。

(2) 进入后将左上侧的波轮向右侧波动或使用键盘上的方向键,选择“传票录入”,按下右上侧的波轮键或键盘上的“回车”键,进入“传票录入”模式,如图 5.10 所示。

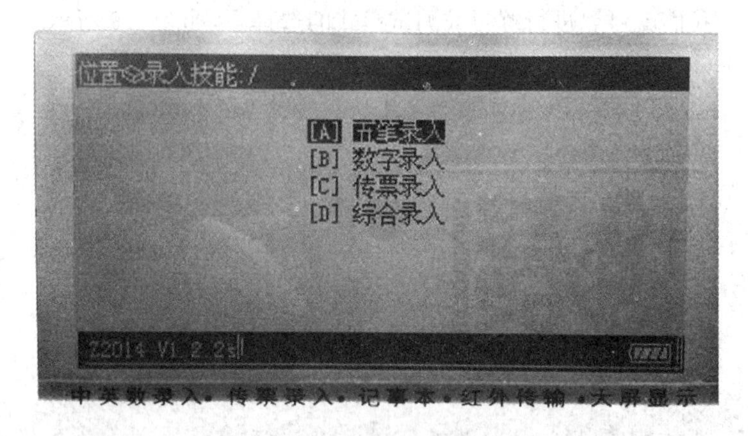

图 5.10　翰林提录入技能界面

(3) 进入后,我们就可以进行“传票录”或“传票算”模式的选择了,如图 5.11 所示。

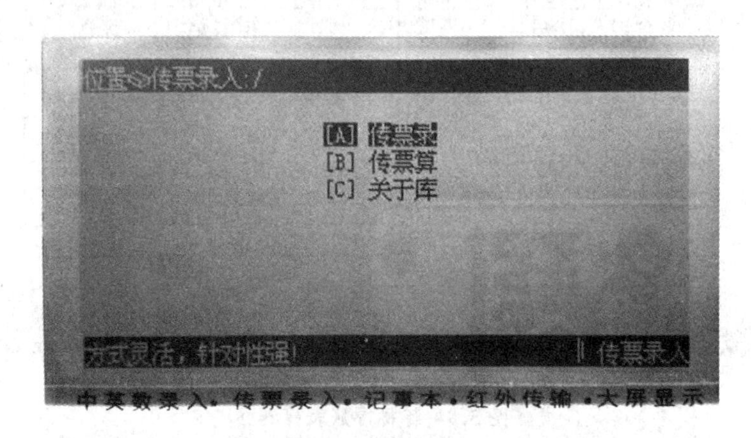

图 5.11　翰林提传票录入界面

在训练中,我们可以选择不同的传票库,或者自定义传票来进行训练。

无论多么先进的设备,都离不开勤奋的练习,要想在小键盘录入中有所突破,除了勤奋的练习没有其他途径。

第三节　财务计算器的使用

一、电子计算器的基本原理与分类

1. 小型电子计算器的结构

小型电子计算器是电子计算机家族中的重要一员,其结构和基本原理与微型计算机基本相同,由输入器、输出器、运算器、存储器和控制器五部分构成,如图 5.12 所示。

图 5.12 中的实线是工作信号的传输路线,虚线是控制信号的传输路线。输入器、输出器、存储器、运算器和控制器各自又有复杂程度不同的构成部分。如输入器有把十进制变成二进

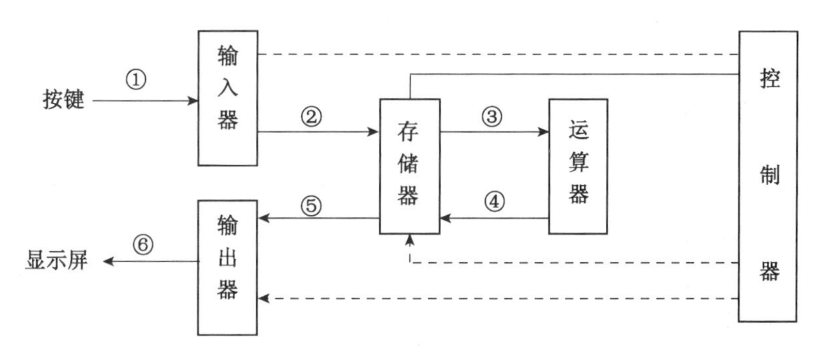

图 5.12　计算器原理示意图

制的译码器；输出器有把二进制变成十进制的译码器；存储器内有数码寄存器、写入线路、存储单元、读出放大器、地址寄存器等；运算器内有操作数寄存器、全加器、累加寄存器、乘商寄存器等；控制器内有运算码寄存器、指令寄存器、运算码译码器、中央控制器等。它们之间的相互作用是依靠电脉冲信号控制而进行工作的。

打开电源开关以后，显示器上出现"0"字，这时按动 0～9 任何一个数字输入键时，就产生了电脉冲，由①进行输入器的译码器，把按入的十进制信号译成计算过程所用的二进制信号；再由②送入存储器中的数码寄存器，然后按计算程序由运算器进行运算。计算结果出来后由运算器经过④送到存储器，再由控制器发出指令；由⑤送到输出器内的译码器把二进制信号再译成十进制信号，最后由⑥送到显示器显示运算结果。这就是小型电子计算器简单的工作原理。

根据前述电子计算器的工作原理可知，电子计算器各组成部分的作用如下。

(1) 输入器。它是由专门按键开关组合而成，主要是将要输入的各种信息数据或指令输入计算器中。

(2) 存储器。它是将输入的数据、运算过程中的中间结果以及运算的最终结果存储起来的装置。在计算过程中，存储器内所存储的信息可随时送到运算器或输出设备中。

(3) 运算器。它是根据控制器发布的大量信息资料进行各种数字运算或逻辑运算的装置。

(4)控制器。相当于人的大脑，是整个计算器各部件的指挥中心，它的作用是将指令键传隔断的信息进行加工整理、组织、协调和指挥，按预定的指令将存储数据或运算结果经"解码"后送到显示器。

(5) 输出器。它属于显示装置，可将输入数据、中间运算结果及存储器所存储数据显示出来。

2. 电子计算器的分类

目前，市场上的计算器规格不同，型号繁多。因此，没有一个统一的标准对计算器进行严格的分类。为了便于大家对计算器有一个初步的了解，下面按各种计算器的功能、运算方法、外形和显示方式进行分类。

按计算器的功能分类：

(1) 一般型计算器也称算术计算器，它可进行加、减、乘、除、乘方、开方、百分比等运算，一般只有一个存储器。

(2) 函数型计算器也称科学型计算器，它不但具有一般计算器的功能，而且可以进行三角函数、对数函数、指数函数、反三角函数、双曲线函数、任意实数次幂、直角坐标和极坐标转化等函数运算，是一种应用较为广泛的计算器。一般也只有一个存储器。

(3) 程序型计算器也称高级计算器，除具有科学型计算器的功能外，还具有解微分方程、积分方程、代数方程等功能，这类计算器一般都具有两个以上数码寄存器，而且具有不同容量的存储运算公式的存储器，个别型号的计算器还附有打印装置。

按运算方法分类：

(1) 法则运算计算器。这类计算器是按照数学运算法则进行运算的，遵循先乘除后加减、从左到右进行运算的原则。

(2) 顺序运算计算器。这种计算器的运算是按照输入的先后顺序进行运算的，而不是按照数学运算法则进行的。

按显示方式分类，可分为：

(1) 液晶显示计算器。它是通过液晶分子翻转显示数字的。其特点是功耗小、省电，但在无光处不能使用。

(2) 数码管显示计算器。其显示器是由微型数码管组成的，数码字显示以"日"字为基础组成。其特点是显示清晰明亮，可在任何场合使用，功耗较大，但可外接电源使用。

按外形分类，可分为：

(1) 台式计算器。体积较大，宜在办公室和商店柜台上使用。

(2) 便携型计算器。体积较小，携带方便，是使用最多的一种。

(3) 超小型计算器。体积小，重量轻，使用方便。

二、小型电子计算器的使用方法

1. 小型电子计算器的功能键

小型电子计算器种类繁多，型号不一，各自外部组成部分有所差异，但其外形结构却大致相同。其基本的外形结构是：①基本功能键；②显示器；③电源开关；④电池盒。

2. 右手指法分工

右手指法分工具体包括：

(1) 拇指负责 AC、CE、ON 键位。

(2) 食指负责 0、1、4、7 键位。

(3) 中指负责肋 00、2、5、8 键位。

(4) 无名指负责· 、3、6、9 键位。

(5) 小拇指负责+、—、X、÷键位。

3. 基本键位练习

(1) 竖式练习。

练习操作 0、1、4、7，00、2、5、8，· 、3、6、9 即：①食指练习 0、1、4、7 键。②中指练习 00、2、5、8 键。③无名指练习· 、3、6、9 键。

(2) 横排练习。

练习操作 1、2、3，4、5、6，7、8、9 即：①食指按 1 键，中指按 2 键，无名指按 3 键。②食指按 4 键，中指按 5 键，无名指按 6 键。③食指按 7 键，中指按 8 键，无名指按 9 键。

(3) 交叉练习。

练习操作 1、5、9，3、5、7。即：①1、5、9 指法具体分工：食指按 1 键，中指按 5 键，无名指按 9 键。②3、5、7 指法具体分工：无名指按 3 键，中指按 5 键，食指按 7 键。

(4) 混合练习。

练习操作 1、3、5、7、9，2、4、6、8、0。即:①1、3、5、7、9 指法具体分工:食指按 1 键，无名指按 3 键,中指按 5 键,食指按 7 键,无名指按 9 键。②2、4、6、8、0 指法具体分工:中指按 2 键,食指按 4 键,无名指按 6 键,中指按 8 键,食指按 0 键。

实训训练

1. 翰林提设备主要由哪几部分组成?
2. 使用翰林提设备进行账表算和传票算训练的操作步骤?
3. 在电子计算器的使用中,右手食指一般负责哪几个键位的操作?
4. 使用翰林提设备对账表算和传票算进行反复练习,加强小键盘指法的熟练程度。

附录一　训练中的快速纠错方法

☆ 纯数字录入任务:在第二章实训训练内容中,无论是在 Word 还是在 Excel 软件中由于同一列所录入的数字是同种类型的,所以在数字位数上存在一致性,即同一列录入的数字位数相同。我们在录入完毕后,观察同一列内容上是否有缺位或多位的情况,如果存在则可立即发现错误的录入位置。

☆ 账表算任务:账表算的构成特点及计算方法决定了账表算在进行横向和纵向求和时存在一定规律。由于横向题有 4～8 位的整数各 1 个,累加后绝大部分合计结果为 8 位数,极少可能会有 9 位数;纵向题有 4～8 位的整数各 4 个,累加后绝大部分合计结果为 9 位数,极少可能会有 8 位数。我们可以以此规律在录入累加后检查结果数字的位数,来快速判断录入结果的正确性。

☆ 传票算任务:传票算累加数据为金额单位,一般题目的运算结果都有两位小数,如果结果为整数就要仔细验算,避免错误。

☆ 备注:以上方法为快速识别明显错误的方法,具体数值的计算正确与否,要具体验算。同学们在练习中也要多多思考,找到适合自己的纠错方法。

附录二　键盘的常用快捷方式

◇ F1　帮助
◇ F2　改名
◇ F3　搜索
◇ F4　地址
◇ F5　刷新
◇ F6　切换
◇ F10　菜单
◇ CTRL+A　全选
◇ CTRL+C　复制
◇ CTRL+X　剪切
◇ CTRL+V　粘贴
◇ CTRL+Z　撤销
◇ CTRL+O　打开
◇ SHIFT+DELETE　永久删除
◇ DELETE　删除
◇ ALT+ENTER　属性
◇ ALT+F4　关闭
◇ CTRL+F4　关闭
◇ ALT+TAB　切换
◇ ALT+ESC　切换
◇ ALT+空格键　窗口菜单
◇ CTRL+ESC　开始菜单
◇ 拖动某一项时按 CTRL　复制所选项目
◇ 拖动某一项时按 CTRL+SHIFT　创建快捷方式
◇ 将光盘插入到 CD-ROM 驱动器时按 SHIFT 键　阻止光盘自动播放
◇ Ctrl+1，2，3...　切换到从左边数起第 1，2，3...个标签
◇ Ctrl+A　全部选中当前页面内容
◇ Ctrl+C　复制当前选中内容
◇ Ctrl+D　打开“添加收藏”面板(把当前页面添加到收藏夹中)
◇ Ctrl+E　打开或关闭“搜索”侧边栏(各种搜索引擎可选)
◇ Ctrl+F　打开“查找”面板
◇ Ctrl+G　打开或关闭“简易收集”面板

◇ Ctrl＋H　打开“历史”侧边栏
◇ Ctrl＋K　关闭除当前和锁定标签外的所有标签
◇ Ctrl＋L　打开“打开”面板(可以在当前页面打开 Iternet 地址或其他文件……)
◇ Ctrl＋N　新建一个空白窗口
◇ Ctrl＋O　打开“打开”面板(可以在当前页面打开 Iternet 地址或其他文件……)
◇ Ctrl＋P　打开“打印”面板(可以打印网页、图片……)
◇ Ctrl＋Q　打开“添加到过滤列表”面板(将当前页面地址发送到过滤列表)
◇ Ctrl＋R　刷新当前页面
◇ Ctrl＋S　打开“保存网页”面板(可以将当前页面所有内容保存下来)
◇ Ctrl＋T　垂直平铺所有窗口
◇ Ctrl＋V　粘贴当前剪贴板内的内容
◇ Ctrl＋W　关闭当前标签(窗口)
◇ Ctrl＋X　剪切当前选中内容(一般只用于文本操作)
◇ Ctrl＋Y　重做刚才动作(一般只用于文本操作)
◇ Ctrl＋Z　撤消刚才动作(一般只用于文本操作)
◇ Ctrl＋F4　关闭当前标签(窗口)
◇ Ctrl＋F5　刷新当前页面
◇ Ctrl＋F6　按页面打开的先后时间顺序向前切换标签(窗口)
◇ Ctrl＋F11　隐藏或显示菜单栏
◇ Ctrl＋Tab　以小菜单方式向下切换标签(窗口)
◇ Ctrl＋小键盘‘＋’　当前页面放大 20%
◇ Ctrl＋小键盘‘－’　当前页面缩小 20%
◇ Ctrl＋小键盘‘*’　恢复当前页面的缩放为原始大小
◇ Ctrl＋Alt＋S　自动保存当前页面所有内容到指定文件夹
◇ Ctrl＋Shift＋小键盘‘＋’　所有页面放大 20%
◇ Ctrl＋Shift＋小键盘‘－’　所有页面缩小 20%
◇ Ctrl＋Shift＋F　输入焦点移到搜索栏
◇ Ctrl＋Shift＋G　关闭“简易收集”面板
◇ Ctrl＋Shift＋H　打开并激活到你设置的主页
◇ Ctrl＋Shift＋N　在新窗口中打开剪贴板中的地址，如果剪贴板中为文字，则调用搜索引擎搜索该文字
◇ Ctrl＋Shift＋S　打开“保存网页”面板(可以将当前页面所有内容保存下来，等同于 Ctrl＋S)
◇ Ctrl＋Shift＋W　关闭除锁定标签外的全部标签(窗口)
◇ Ctrl＋Shift＋F6　按页面打开的先后时间顺序向后切换标签(窗口)
◇ Ctrl＋Shift＋Tab　以小菜单方式向上切换标签(窗口)
◇ Ctrl＋Shift＋Enter　域名自动完成
◇ Alt＋1　保存当前表单
◇ Alt＋2　保存为通用表单
◇ Alt＋A　展开收藏夹列表资源管理器

◇ END　显示当前窗口的底端
◇ HOME　显示当前窗口的顶端
◇ NUMLOCK＋数字键盘的减号(－)　折叠所选的文件夹
◇ NUMLOCK＋数字键盘的加号(＋)　显示所选文件夹的内容
◇ NUMLOCK＋数字键盘的星号(*)　显示所选文件夹的所有子文件夹
◇ 按右边的 SHIFT 键 8 秒钟　切换筛选键的开和关
◇ 按 SHIFT5 次　切换黏滞键的开和关
◇ 按 NUMLOCK5 秒钟　切换切换键的开和关
◇ 左边的 ALT＋左边的 SHIFT＋NUMLOCK　切换鼠标键的开和关
◇ 左边的 ALT＋左边的 SHIFT＋PRINTSCREEN　切换高对比度的开和关

参考文献

[1] 张建强.会计基本技能[M].北京:中国财政经济出版社,2009.5.
[2] 刘芹英,王家申.财会岗位基本技能[M].北京:机械工业出版社,2013.12.
[3] 陈学玲,彭林君.会计基本技能[M].天津:天津教育出版社,2010.8.
[4] 滕春燕.键盘录入技术[M].北京:人民邮电出版社,2012.9.